Den Videnskabelige Bro fra det Fysiske til det Åndelige

FORFATTET AF DANSKEREN IBEN

JORDBOER
HIMMELSSTRÆBER
ÅNDSFORSKER

Iben Casio Paia

Lidt om forfatteren:

Født i Danmark i 1982
Boet 1 år i England, Hereford, 1994-1995
Boet 1/2 år i Tyskland, Berlin, 2001
Boet 15 år i Schweiz, Basel, 2003-2018
Såkaldt dansk verdensborger

Original skrevet på tysk i 2017 af I. Casio Paia
Ingen udgivelse på tysk pr. 2022
Oversat til dansk af I. Casio Paia
Korrektur på dansk udgave Eva Stage
Forsidelayout Iben Stage
Forlag: BoD – Books on Demand, Hellerup, Danmark
Tryk: BoD – Books on Demand, Norderstedt, Tyskland
ISBN nr. 9788743045267
Denne danske version er 1. printet og udgivet version af bogen

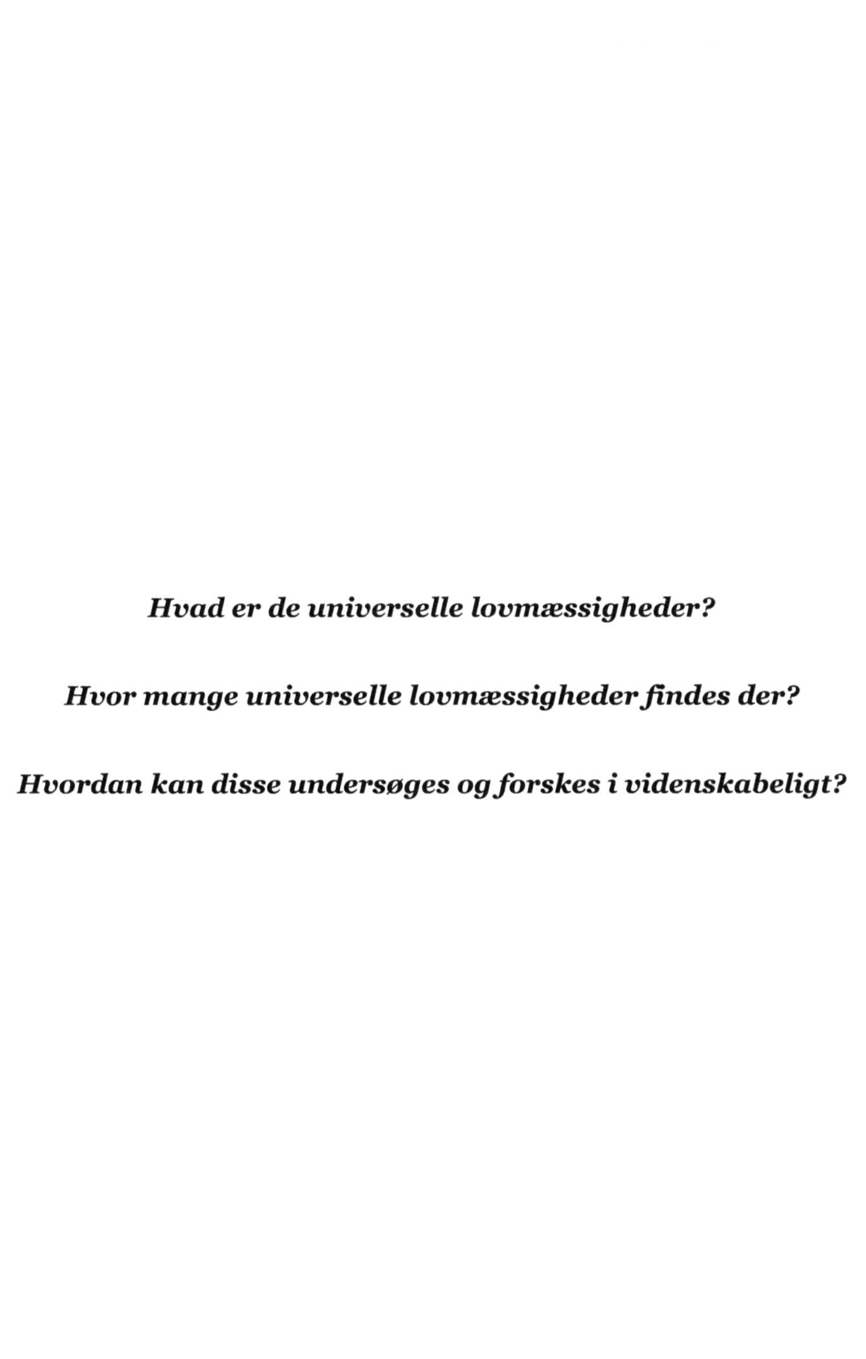

Hvad er de universelle lovmæssigheder?

Hvor mange universelle lovmæssigheder findes der?

Hvordan kan disse undersøges og forskes i videnskabeligt?

Indholdsfortegnelse:

Hvordan læser man dette skrift:

Læser du ikke gerne: *Er det nok at læse "Intermezzo"*
Vil du gerne have begrundelsen: *Hjælper det at læse hele kapitel 5*
Har du herefter spørgsmål: *Læser man bedst resten, specielt kapitel 1-4 og 10-12*
Har du brug for konkrete eksempler: *Læs kapitel 7-9*
Er du i smerte/søger du en mening: *Læs kapitel 6*
Er du fra start nysgerrig: *Bare læs det hele fra start til slut*
Vil du gerne kigge ind i studierne: *Er de tilgængelige til et smug kig efter "Intermezzo"*

God fornøjelse

Preludium

Hvad er livet?

Hvor kommer vi fra?

Hvorfor er vi her?

Disse spørgsmål har menneskeheden stillet sig selv, siden vi har kunnet tænke. Vi har sidenhen forfinet og præciseret vores tænkning meget og er i stand til at forklare komplekse processer, som hvordan den menneskelige krop fungerer, hvad den består af osv.

Men trods alt er det ikke lykkedes os at besvare disse første spørgsmål tilfredsstillende eller videnskabeligt. Derfor disse linier. Vil du også gerne vide det? Ikke blot tro på noget eller ej? Så er dette skrift til dig. De første to spørgsmål kunne man sige er en sag for videnskaben. Det sidste et spørgsmål om religion, om tro. Man kunne også sige at alle tre er filosofiske anliggender.

Jeg siger, det er muligt og også nødvendigt i vores tid at tilgå alle tre spørgsmål videnskabeligt. Hæve religion til videnskab. Om man så efterfølgende tror på denne videnskab eller ej, er overladt til hver enkelt.

På ingen måde vil jeg hermed træde de religiøse mennesker over fødderne. Kun give et holdepunkt til de ikke-religiøse. Indhold og mening. De religiøse mennesker besidder dette endnu, de ikke-troende har mistet dette. Jeg har ikke mistet troen, men det er mig ikke længere nok. Dertil er der for meget smerte i denne verden. Jeg vil og må vide det under alle omstændigheder.

Jeg har desværre endnu ikke mødt nogen, som har kunnet forklare mig livet tilfredsstillende og kunnet belægge det viden-skabeligt. For ikke at tale om hvor vi kommer fra, eller hvad det hele her skal gøre godt for. I det tilfælde at det alligevel er lykkedes nogen at gøre dette, og jeg bare endnu ikke har hørt herom, tager jeg hatten af.

Men selv ved Einsteins og Stephen Hawkings forklaringer mangler jeg noget. Gregg Braden og Bruce Lipton er vidunderlige videnskabsfolk, som ved en masse, dog når det kommer til disse spørgsmål, så vidt jeg ved, stadig håber og tror en masse. Selvom, de er meget tæt på…

Men da jeg intet giver for at beskylde andre for noget, de ikke har gjort eller opnået, og ikke længere bare kan sidde stille og håbe på, at det engang lykkes for nogen, begiver jeg mig hermed selv, også selvom jeg ikke er en videnskabsmand, på vej.

Kapitel 1

The Missing Core

1) Der findes videnskabsfolk, der har erkendt eller oplevet, at der findes mere end den dissekerede afskårede materie, undersøgt i laboratoriet, men selv grundet dette, forsøger de ikke at tage dette og gøre det til genstand for deres forskning, eller de ved ikke hvordan, og således står resten af os tilbage med tomme hænder og må tror deres udsagn, at der findes mere end den blotte materie, eller, lade være.

2) Her er der en kløft imellem videnskaben på den ene side og spiritualitet på den anden. Der findes stadig ingen virkelig bro eller forbindelse mellem disse to modsatrettede poler, tværtimod står de bare der over for hinanden og stirrer skeptisk på hinanden og påstår sågar, at den anden ikke findes. Gensidigt vel at mærke. Eller konkurrerer om hvem af dem, der findes mest virkelig. Det er ikke kun et absurd billede, men også grund til mange stridigheder.

3) Videnskaben (nogle videnskabsfolk) går endda så vidt som at påstå, at alle disse uforklarlige begivenheder, som de ikke kan forklare, må være en illusion, som i virkeligheden ikke findes. Og sålænge der herfor ikke foreligger videnskabelige beviser, kan de jo også påstå dette.

4) Altså går hermed næsten hele menneskeheden rundt med uforklarlige oplevelser som - hvis man spørger den gængse videnskab - er ren og skær indbildning og ikke reelt. Ret frustrerende som lille ikke videnskabsmand, da det er mærkbar tydeligt, at det ikke er indbildning.

5) Vi mennesker har en utrolig evne til at sætte os ting i hovedet - forestillinger - som synes os vellykket, men som med tiden bare er en sten i vejen, og så har vi endnu en evne til stædigt at holde fast i denne forestilling, selvom vi kan se, at den er en sten, der ligger i vejen for os.

6) Men vi snubler hellere dagligt over denne, end at tilstå at vi nu kan indse mere, end da vi byggede denne eller hin forestilling. Vi var dog så sikre på at have omfattet hele sandheden. Det efterlader ingen plads til nye indsigter eller nye erkendelser.

7) Og fordi vi er overbeviste om, at vi næsten har omfattet alt nødvendigt i vores videnskab, opstår denne kløft af uforklarlige ting.

8) Hertil har vi heldigvis også fundet en udvej: fornægtelse. Bare det som ikke passer ind, tja er blot indbildning, pjat, i hvert fald ikke en del af virkeligheden. Smart. Eller vi stiller os tilfredse med at sige: tja, det vil vi aldrig kunne svare på eller komme til at vide.

9) Men vi sidder ikke kun tilbage med disse missing link og missing core, men også med denne uforklarlige mærkelige fornemmelse, vi har forpasset noget, det er ikke lykkedes os at fatte, begribe og forklare livet. Og vi sidder tilbage med et tomrum.

10) Vi trøster os med, at det jo virkelig kun er en lille del af puslespillet der mangler, altså, man kan ikke få alting i livet, lær at være tilfreds med ufuldkommenhed, men samtidig fornemmer vi, det burde være muligt at fatte. Muligt at vide alt og at kunne alt.

11) Det er det også. Det er helt forståeligt at denne lille puslespilsbrik, hvad jeg betegner som "The Missing Core", som kan forklare livet, ikke er opdaget indtil nu - det er den mange gange, det ved jeg godt, men for det almene menneske og for videnskaben ikke endnu - for den er den mindste af alle brikker, så lille at den ikke engang er et punkt, kun potentielt et punkt.

12) Og det er svært at fatte i fysikken. Vi er nu meget tæt på med vores kvantefysik og metafysik. Det kræver blot et sidste kvantespring, så har vi det. Altså giv ikke op. Jeg beundrer i øvrigt meget videnskabsfolk som Gregg Braden, Bruce Lipton og Brian Cox.

13) Vi ved allerede, at alt består af energi og bevæger sig i rummet, som er næsten tomt. Forskrækkende fascinerende, og alligevel ikke så fast som jorden og stenene under vores fødder fremstår for os. Men…

14) Hvad er så energi? De fysiologiske forklaringer som Einstein har givet os, og den kemiske formel der gives i anatomi i dag, er for mig ikke forklarende. For hvor kommer det fra? Hvordan bliver det bevæget? Der mangler stadig noget. Et lille…hvordan…hvorfra…hvorfor…The Missing Core…

Kapitel 2

Brobyggeri

1) Dette skrift kommer til at bygge en bro. Broen fra det materielle til det åndelige. Men videnskabeligt. Det er muligt, det kan godt være, at det kun bliver et begyndende og et ustabilt skelet, men jeg beder videnskaben om at bygge videre på denne bro med mig efterfølgende. Altså er dette hermed en officiel anmodning og opfordring til videnskaben. Der opstår nemlig en ny videnskaben ud af dette. (Kap. 11-12.)

2) Følelser, tanker, og alt hvad der ligger herover, fra oplevelser, om det er drømme eller uforklarlige oplevelser, tilhører i den almene videnskab i dag til kategorien deklareret vrøvl og ikke muligt at forklare, en ikke videnskabelig målbar realitet, altså bliver endda af nogle fastslået, eller besluttet, ikke eksisterende. Men dette er dog virkelig for let sluppet.

3) Og helt ærligt, er dette overhovedet berettiget? Er dette overhovedet videnskabeligt? Bare at fastslå noget, bare fordi metoden eller instrumentet til at måle eller forske i disse ting ikke er opfundet? Eller opdaget?

4) Jeg er klar over, at de er i fuld gang med at forske i og opklare bevidstheden i Hearthmath-centrum, og det er fantastisk. Sådan noget har vi brug for meget mere af. Men uden the missing core bliver det heller ikke muligt for dem at forklare livet.

5) Jeg er som sagt ingen videnskabskvinde, blot en nysgerrig normalt tænkende jord-boer, som ikke vil stille sig tilfreds med forkastelse eller fornægtelse af uforklarlige ting og ikke længere kan overlade spørgsmålene hvor vi kommer fra, hvor vi er på vej hen, og hvorfor vi er her, til tilfældigheden eller tvivlen, men har brug for klare svar. Jeg vil vide det. Jeg kan og vil ikke høre på flere opfundne historier eller blotte meninger.

6) Så min tese forlyder, at den viden findes, som giver os svar på de stadig ubesvarede spørgsmål. Vi kan skabe os denne viden. Og rydde tvivlen af bordet. Videnskabeligt. Det er muligt. Jeg mærker nemlig, at den må være der.

7) Alt hvad jeg skriver her, ønsker jeg ikke at man bare tror på eller ej, men jeg vil gerne have, at andre tjekker det, men seriøst. Ikke forkaster det med det samme, fordi det ligner at det ikke kan tjekkes og efterprøves og derfor må være forkert.

8) Jeg ønsker at bevæge mine medmennesker til at tænke nyt, jeg påberåber mig ingen ret til fuldkommenhed i noget som helst med dette skrift. Men at forkaste eller fornægte det umiddelbart uden at gå det efter eller optimere teserne er virkeligt for let sluppet. Forkaste det til en umulighed blot fordi det ikke lige er muligt at tjekke efter endnu værre.

9) Det er let at kritisere. Men at formulere og identificere sandheder er en ægte kunst. Og ægte kunst er ikke let. Derfor er det en kunst. Jeg benytter blot, hvad min krop stiller til min rådighed til alle disse tanker: Fornuft, Logik, Sansning, Iagttagelse, Tænkning osv. Hm, min krop stiller alt dette til min rådighed, men nærmere betragtet er intet af dette selv umiddelbart fysisk eller materielt. Morsomt.

10) Kun fordi noget er svært at fatte, betyder det ikke, at det ikke er muligt eller vil blive det, at undersøge dette videnskabeligt. Det drejer sig kun om at (op) finde vejen derhen. Vi kan f.eks. ophøje de svært opfattede og ustabile følelser til videnskab ligesom enhver anden forekomst også. Endnu en tese fra mig. Overvej lige dette:

11) Mennesket var engang bombesikker på, at jorden var en flad skive, og at man ville falde ned, hvis man kom for tæt på kanten. Men overvej lige - uden viden om gravitation og kun med iagttagelsen fra øjet, - og ingen mulighed via transport at dreje en runde om jorden - ville vi da stadigvæk måtte være forblevet i denne tro i dag.

12) Nu ved vi bedre, men der findes da stadigvæk en masse, som vi ikke bedre ved og kan besvare videnskabeligt. Hvordan kan vi så bare vove at sige, at det ikke er eksisterende når vi jo ikke ved det? Grundet angst for vores ego?

13) Når vi mener, at nu har vi det hele, punktum. Går det ikke videre. Og når det alligevel går videre, kan det hidtige jo så kun være forkert, for vi troede at vi allerede havde omfattet alt. Møjsommeligt og imod livet er dette.

14) Det er ligesom lyn og torden, som vi først efter at have erkendt hvad det er - et naturfænomen, som er forklarligt og logisk, og indtil da har

betegnet som overtroisk vrede fra guderne, eller hvad ved jeg. Netop fordi vi har manglet erkendelsen af, hvad det var.

15) Men havde vi ikke troen, tror jeg, at vi ville blive skøre, fordi vi nu engang har brug for at putte begreber og betegnelser på det, som vi ikke engang begriber eller endnu har gennemskuet eller erkendt.

16) Altså gudernes vrede, mirakler, Gud. Dette er intet angreb på religionen, og den ville selv kun betegne det som så, hvis den ikke selv ser gud og sandheden som det højeste og stræber efter ærligt at ville guds vilje og tage denne alvorligt. Samtlige krige i guds navn har stillet sig selv højere end gud.

17) Og som Neale Donald Walsch sagde til mig engang (og til de andre to hundrede i rummet): en af de mest misforståede og overbeviste tro om Gud er den at: "Mænd, Gud er på vores side". Gud er ikke på nogens side. Ikke i krig, ikke i fodbold eller noget andet sted. Hvis han ville være det, ville han ikke være Gud.

18) Alle de mennesker, der har brug for at holde fast i deres tro, fred være med dem. Ligeså lang tid det giver mening og indhold i disse menneskers liv, tjener det sit formål, og er rigtig godt. Disse linier er mere tænkt til de mennesker, som enten har mistet deres tro, eller hvor en sådan tro på noget simpelthen ikke længere er nok.

19) Men vi skal ikke begynde at grine ad, at vi engang troede, at jorden var flad, og at det var Guderne, der var vrede på os, fordi vi engang ikke længere behøver at kalde Gud for Gud eller mirakler for mirakler, men har erkendt, hvad dette er, og derfor endnu engang, som så ofte før, afløser denne viden troen helt af sig selv. Og en ny erkendelse over verden opstår, og vi endnu engang er nødt til at skrive vores historiebøger om på ny.

20) Den største fejl, ligeså snart vi har opdaget noget nyt, er dog at være af den faste overbevisning, nu har vi det hele. Nu har vi opdaget, fattet og omfattet hele sandheden. Lige meget hvad det er. Vi kan da ikke være sikre på noget, som vi ikke ved noget om.

21) Tja, enten må vi skrive lærebøgerne om igen og igen eller med det samme lave en, hvor der er plads til videre nye erkendelser, en ikke afsluttet, men open-ended lærebog.

22) Fordi vi engang kan grine af, at vi har betegnet Gud som Gud, og vi har nu kunnet afklare Gud som evigheden. Og engang senere kan vi grine af, vi har kunnet afklare Gud som evigheden, fordi vi har anset og

troet vores intellekt for at være det højeste og det eneste sande, og nu ved vi, at evigheden bare er den altomfattende betingelsesløse kærlighed.

23) Men, vi kan ikke med et skridt nå fra Paris til Pompeji - endnu - vi må blot tage et skridt ad gangen. Blot at grine ad andre, der ser noget andet eller står et andet sted, er meningsløst. De er i det øjeblik blot et andet sted. Punktum.

24) Det er nu engang ikke muligt i øjeblikket at springe udviklingen over, enhver og verden må gå derfra, hvor de er og befinder sig. Og det drejer sig ikke om bedre eller videre. Blot et andet sted. Punktum. Forsøget hertil er meget smertefuldt og hindrer bare udviklingen.

25) Dette har jeg selv smertefuldt måttet konstatere. Oh hvor ville jeg dog så gerne have været et andet sted, end hvor jeg var. Virkelig at udvikle mig var dog først sandt muligt, hvor jeg accepterede, hvor jeg virkelig stod i livet med mig selv, og jeg siger dig, det så og tilstod jeg selv ikke med glæde. Av.

26) Jeg mærkede da denne ubetingede kærlighed, og jeg ville så gerne være det i egen person. Og dette er præcis, hvad vi alle mærker, at vi dog faktisk er, og stræber efter at finde i verden og forsøger at være. Det er vi jo også…det lykkes bare ikke. Hvorfor? Jeg måtte i hvert fald smertelig erkende, at jeg er det og var det i hvert fald ikke. Punktum. Færdig. Godt. Så kan det begynde.

27) Dette gælder enhver personligt, ligesom verden. Udvikling mulig. Udfoldelse mulig. Og på et eller andet tidspunkt gik det op for mig, jeg søgte det forkerte sted. Jeg søgte efter stabilitet i en forgængelig verden og blev ved med at blive overrumplet, når noget nåede sin - i denne verden - naturlige og uundgåelige afslutning, fordi jeg havde opbygget og indbildt mig selv en forestilling om, hvordan det skulle være eller er godt, og i hvert fald uendeligt.

28) Vi søger efter dette, fordi vi ved og mærker, at det er der, og vi er det. Og det er sådan, og det er vi. Blot søger vi i øjeblikket desværre efter det det forkerte sted. Nemlig derude i den tilsyneladende stabile verden. Fordi vi mener, at det er alt, hvad der er, og alt, hvad vi har. Jeg kalder denne verden for endeligheden. Det som videnskaben kalder den materielle verden. Det fører dog kun til mere smerte at søge det her, da det ikke er her, det er.

29) Men der findes også en anden verden. Den kalder jeg for evigheden. De troende kalder den for Gud. Og fordi vi kommer herfra og er dette, mærker vi, at det må findes. Hertil kommer vi senere meget mere. Og ja, denne evighed bliver i dette skrift oplyst og videnskabelig bevist. Men et skridt ad gangen. Vi er slet ikke rigtig startet endnu.

30) Jeg stiller ikke alle disse spørgsmål, for at sige at sådan er det, men for at give anledning til selv at tænke og spørge efter. For at kaste nye spørgsmål i rummet. For vi har jo brug for at finde det rigtige spørgsmål, før vi kan finde svar på det, vi leder efter. Det er dette, som jeg tænker, at videnskabens folk har manglet hidtil.

31) Dvs. at i min forskning her er jeg som det første, før alt andet, på udkig efter det væsentlige spørgsmålsstillen. Hvis man undlader at stille et spørgsmål, fordi det jo bare lyder som et dumt et, forpasser man muligvis ikke kun det rigtige spørgsmål, men livet selv.

32) Der ligger en logisk forklaring bag alt, blot er det i nogle ting synligt sværere at erkende end i andre. Også en tese fra mig, der her og i mine studier bliver undersøgt og behandlet.

33) Ja okay vi har endnu ikke fundet eller opfundet den videnskabelige metode hertil. Men har vi overhovedet forsøgt? Og det ser altsammen så komplekst og kompliceret ud, hvor skal vi overhovedet starte?

34) Vi har løst det ved at skubbe alt dette over til fagpersoner og erklæret det for uvidenskabeligt. Dette er dog for let sluppet. Og det betyder, at det er op til en dyrepsykolog at forklare, hvorfor en tiger jager. Det er overladt en psykolog at sige, hvorfor vi gør, som vi gør, og det er og bliver overladt til en teolog at overbevise os om, at alt har en mening, hvad han forhåbentlig lykkes med, og det er overladt til os og et trosspørgsmål til den enkelte at tro, se og finde, om der er en mening med verden eller ej, og hvis ikke, nå ja, så er det hele vel simpelthen meningsløst.

35) Ikke at tvivle bliver dog stadig sværere desto mere smerte, uretfærdighed, angst og ikke synlig mening, der kommer ind i verden. Ikke kun igennem konflikter og splid der ender i krige, men også igennem natur- og klimabetingede katastrofer, der er i verden i dag.

36) I stedet for at give op lad os da hellere sige, hvordan det faktisk forholder sig, dette og hint er stadig videnskabelig uudforsket område, da der på nuværende tidspunkt endnu ingen mulige forskningsmetoder hertil

findes. Er opfundet. Kan gennemføres. Det er en helt anden udtalelse, der ikke udelukker eller lukker i, men åbner og muliggøre. Giver håb.

37) Hvorfor i alverden al den opstand her? Gå dog i biografen, nyd livet eller noget, i stedet for at irritere alle med disse ubehagelige og upassende spørgsmål. Meget simpelt:

38) Fordi menneskeheden ikke har brug for mere tro eller flere moralske ordsprog, men viden og håndgribelige beviser på alle deres livsspørgsmål, for at kunne komme frem til en klar vej til selv at kunne komme til erkendelse og modstå alt tvivl og angst og meningsløshed i en smertefuld verden og specielt for at kunne gøre en ende på smerten.

39) Det dæmrer nemlig langsomt for os, at al smerten i verden også er noget, som angår os, vi kan ikke se os undsluppet af det, da vi i sidste ende hænger sammen med hele verden. Vi har dog brug for klare svar og viden for i sandhed at kunne forstå og gennemskue alt dette, for virkelig at vide hvad vi kan gøre ved det.

40) Jeg skriver altså dette, fordi jeg ikke kan eller vil acceptere at lade meningsløshed, angst og smerte blive vindere af denne verden. Og alle disse ting kan allerbedst spire og blomstre af uvidenhed, som angst og magtesløshed.

41) Men der er jo ingen mening, hvis der ingen mening er, og dét er meningsløst. Specielt smerten. I denne ånd vil jeg nu spise en omgang varm middagsmad, så giver livet - og lidelsen - mening igen, og glæde.

42) Men hvad videnskaben er lykkedes med og til gengæld har bragt til perfektion, hvilket virkelig er meget imponerende, er at alt hvad de har kunnet få fingre i og kunnet måle, har de iagttaget og forklaret hvordan det hele fungerer. Egentlig har vi ikke gjort noget forkert, og vi har herigennem fået en enorm mængde af værdifuld viden.

43) Vi har kun begået den lille fejl at beslutte eller konstatere, at kun det, vi lige kan se og måle og forklare og tage fra hinanden, kan være videnskab, og kun lige det, vi kalder videnskab, kan være og er en realitet. Men vi kan bygge videre på denne viden. Bygge broer.

Kapitel 3

Hvad er videnskab? Hvad er materie? Hvad er ånd?

1) Videnskab: er den viden, som vi skaber os tilgang til igennem at efterforske noget.

2) At arbejde videnskabeligt vil sige at undersøge noget metodisk. Først har man en tese, et spørgsmål, som man gerne vil efterforske. Så opstiller/opfinder man forsøg hertil med en beskreven forgangsmåde - en metode - som også andre kan efterprøve og gentage, for at bekræfte tesen eller forkaste den. Personlige præferencer skal ved forsøgene og vurderingen heraf være sat til side. Så langt så godt. Okay?

3) Materie: er de fysisk håndfaste genstande. Alt hvad vi kan mærke med vores følesans er fysisk og består af fast materie. Eller? Enig?

4) Ånd?: findes ikke. Eller? Nej, det kan ikke eksistere, for videnskaben har ikke kunnet bevise dette, altså er ånd en illusion, et spøgelse af troen fra de mennesker der er forvirrede og på afveje. Selv kendsgerningen, at en del mærker, at der må være mere end materien, er bare lutter indbildning. Findes der nogen som stadig er af denne overbevisning? Det gør der. Og det er fra denne mening, jeg her tager mit udgangspunkt. Selvom...

5) Nåja, altså hvis videnskaben fortsætter ret meget mere med at tage materien fra hinanden, må de snart fastslå, at alt består af luft, eller snarere ingenting, og komme til den konklusion, at materien er lige så illusorisk, som nogle stadig holder ånden for illusorisk. For hvordan piller man tomt rum fra hinanden? Hvordan kommer man bag dette? Altså består materien i sidste ende af ingenting? Ikke særlig fysisk eller?

6) Et hurtigt spørgsmål: hvis jeg sagde, nej luft det findes ikke, det har jeg ikke kunnet bevise, det kan jeg ikke se, det er en illusion og et spøgelse, hvad ville du sige til det? Præcis, luften er ret ligeglad med, om jeg tror, den er der eller ej, den er der, uanset hvad jeg tror, også selvom jeg ikke kan se eller bevise den. Heldigvis. Så besidder jeg ganske enkelt ikke ud-

dannelsen til og grundlaget for at have denne viden. Denne kan man dog med den rette uddannelse erhverve sig.

7) Det er mit svar på overbevisningen om, at ånd ikke eksisterer. Ånd er endvidere det, som kaldes Gud i religion. Det, som jeg til at starte med, betegner som evigheden. Helt rolig. Ikke uden efterforskning. Hertil kommer vi. Altså læs roligt videre.

8) Og ja, det passer, vi kommer således ikke bag ved materien, men virkelig kun til det tomme rum, hvis vi fortsætter vores kurs. Men hvorfor, vi har da undersøgt alt så godt, grundig og præcist?

9) Vi undrer os således over, hvorfor vi ikke har knækket koden til at kunne forklare livet, men kommer ikke på den idé at efterse vores fremgangsmetode eller tænke den efter. Alt, hvad der indtil nu er lavet i videnskaben, er meget værdifuldt og reelt, vi bør kun åbne området og muligheden for, at vi endnu ikke har omfattet alt, hvad der er at omfatte, og endnu ikke undersøgt alt, hvad der er at undersøge. Og vi spørger os ikke, om vi benytter den rette metode.

10) Vi er så tit skråsikre på vores iagttagelse og tankegang, at vi ikke stiller spørgsmål ved disse. At spørge sig selv om en sten er en sten, er vel det dummeste spørgsmål - det ved ethvert barn da. Alligevel spørger vi os selv, hvad alt dette skal til for - hvordan og hvorfra det hele kommer, og er kun i stand til at opstille teser og trosbekendelser, men ikke at opklare disse virkelig videnskabeligt. Hvorfor altså ikke?

11) Fordi vi skal stille de rigtige - de væsentlige - spørgsmål, og vi så ofte ikke sætter spørgsmålstegn ved om vores spørgsmål er de rette, og derfor overser de væsentlige spørgsmål, som ville føre til svaret. The missing core.

12) Hvorfor er det stillede spørgsmål så væsentligt? Fordi vi i vores iver for at fatte alt kan sammenligne det med, at vi har et navigationsapparat og gerne vil til Rom, men så glemmer vi lige at indstille Rom på GPS´en og kører bare derudad. Efter at vi har rejst hele jorden tynd og set hele verden, undrer vi os meget over, hvorfor vi efter så lang tid og så megen umage endnu ikke er ankommet til Rom. Og vi drager den konklusion, at det må være ufattelig svært hvis ikke umuligt at komme til Rom.

13) Det jeg prøver at sige, er at det er muligt for ethvert tænkende væsen at finde svaret på disse spørgsmål, hvis vi blot seriøst spørger os selv,

hvilket spørgsmål der hertil er nødvendigt at stille os. Det er præcis det, som jeg har gjort med dette skrift.

14) Vi kan jo heller ikke lære at spille fodbold, idet vi går hen til en fodboldtræner og spørger ham, hvordan man bager en æblekage vel? Så væsentlig er hvilket spørgsmål vi stiller.

15) Og man kan ikke se eller erkende den drivende kraft i et supermarked, sålænge man bliver ved med at studere de enkelte produkter i butikken. Man kan lære de enkelte produkter i butikken at kende, som der jo er mange af, men ikke gennem enkeltstudium af produkter forklare butikken. Hvordan er den opstået, hvordan fungerer den hver dag, hvorfor er den der, men kun af hvilke enkeltprodukter den består. Dette behøver simpelthen andre spørgsmål.

16) Det er ligesom at have et puslespil og ville lave det og så lægge alle brikkerne fint og omhyggeligt ved siden af hinanden og kigge på dem, men så ikke forstå hvorfor man nu ikke kan se hele billedet, eller ligesom at ville bygge et hus, og så lægge alle byggestenene fint, omhyggeligt side om side og så undre sig over hvorfor man ikke kan erkende huset og træde ind i det.

17) Hvorfor en tiger jager, kan vi lige så lidt opklare, når vi undersøger dens kropsdele og organer enkeltvis i et laboratorium. Vi kan fastslå, at den har alt til at kunne jage optimalt, men på spørgsmålet hvorfor den gør det, hvor dette opstår, og hvordan den har kunnet udvikle disse fine organer, får vi således bare ingen svar. Kort sagt:

18) Det er ikke muligt at opklare det væsentlige i tingene uden at spørge om det væsentlige. Ganske enkelt, væsentligt og egentligt indlysende.

19) Ja, jeg ved det er absurd, men sådan cirka driver vi stadig videnskab. Fordi vi vil være præcise. Ikke vil overse eller forpasse noget. Det er jo også godt sådan, blot har vi således ingen tid til at spørge os selv ,om vi har den rette tilgang til vores tese. Om vi anvender den rette metode, og om vi overhovedet har den væsentlige tese, og kommer derfor ikke til en opklaring, fordi sådan som vi griber dette an, slet ikke kan komme til en opklaring, ligemeget hvor meget vi anstrenger os, og ligemeget hvor nøjagtigt vi studerer de enkelte produkter eller organer.

20) Vi har fortabt os så meget og totalt i detaljerne, at vi har mistet overblikket og sammenhængen af syne. Og efter succesfulde afslutninger af

lutter enkeltstudier glemt at spørge os selv, om vi overhovedet er færdige med vores forehavende.

21) Alligevel vil vi gerne bevise sammenhængen, oprindelsen og meningen med universet videnskabeligt. Det er vores dybeste længsel, og grunden til videnskaben.

Det videnskabelige grundlag

1) Altså at arbejde videnskabeligt vil sige: for det første: opstille en tese. Så beskrive hvilken metode man vil undersøge denne med. Altså efter det er blevet én klar hvilken metode, hvordan dette kan lade sig gøre. Så gælder det om at omsætte metoden i forsøg. Efterfølgende gentagelse af forsøget, desto flere gange, desto bedre. Dog er det klart før forsøgene og beskrevet, hvor mange gange dette vil være. Det iagttagede fra forsøgene bliver løbende nøgternt optegnet. Først herefter kommer så konklusionen fra optegnelserne. Også nøgternt. Dette fører til bekræftelse eller forkastelse af tesen.

2) Dette skrift kan selvfølgelig kun opstille teser. Selv når noget er indlysende, er det dog uden seriøse videnskabelige studier ikke videnskabelig bevist, men er og bliver blot en tese. Det er mig bevidst. Derfor har jeg også ved siden af dette lavet tre studier hertil. Og selv dette er jo ikke meget, selvom beviserne og derved den videnskabelige evidens hertil foreligger, det er jo endnu et enkeltstudium og endda gennemført af én ikke-videnskabsperson.

3) Derfor har jeg jo også efterfølgende brug for hjælp til videre studier, som ikke er gennemført af mig men af videnskabsfolk. Jeg giver med dette skrift ikke kun teserne, som er væsentlige at undersøge, fri, men også metoden til hvordan de kan blive undersøgt, så det er bare med at komme i gang.

4) Min første tese lyder, at det ikke er lykkedes for videnskaben indtil nu at opstille den væsentlige tese, som kan forklare og bevise livet, og den kan derfor indtil nu kun beskrive, hvordan livet fungerer, men ikke hvor det kommer fra, eller hvad det er. Så mit væsentlige spørgsmål er her at spørge efter det rette spørgsmål. Som kan føre til The Missing Core.

5) Videre teser, der bliver behandlet og former sig ud fra dette skrift, er følgende:

*) - Begge verdener - den fysiske og den åndelige - er reelle og endda afhængige af hinanden. Dette skrift vil belyse hvordan og bygge en bro imellem disse to.

*) - Der findes ingen tilfældigheder. Det virker blot sådan, når vi ikke kan gennemskue alting.

*) - Der kan ikke opstå noget ud af ingenting. Og der kan ikke forsvinde noget i ingenting. Det kan kun være en metamorfose af det samme, der allerede er til stede.

*) - Der er logik bag alt, og det er, hvad der giver livet mening.

*) - Genfødsel er reelt og en naturlig følge af lovmæssigheden af denne verden og dens udvikling.

*) - Vi er allerede udødelige, da vi er evigheden selv og stammer herfra.

*) - Den eneste illusion, der findes, er den om døden. Død findes ikke, kun liv, og forvandling af liv.

*) - Meningen er at udvikle og udfolde os til det vi er. Mennesker. Bevidst.

*) - Smerte er resultatet af, når vi ikke vil, kan, ikke forstår eller fornægter at påtage os vores skæbne. Derigennem har vi magten til at opløse smerte.

6) Endvidere teser fra mig, som dog ikke direkte kan blive behandlet i dette skrift, er:

*) - Karma er en følge af reinkarnation.

*) - Skæbne er en følge af karma.

*) - Vi besidder den frie vilje, idet vi kan beslutte, om vi antager vores skæbne eller ej, og hvordan vi omgås denne. Men ikke igennem udelukkende at bestemme, hvad der hænder os.

*) - Først når vi af fri vilje antager vores skæbne, ophører smerte.

*) - Alt er kærlighed, der findes kun kærlighed og så fraværet af kærlighed. I sidste tilfælde er vores verden og vi til dels ramt. Dvs. alt hvad der er ulogisk, uretfærdigt, smertefuldt er simpelthen kun mangel på kærlighed. Og dvs. betingelsesløs kærlighed. Det var dét.

7) Her tager vi dog én ting ad gangen. Det hjælper nemlig ikke andre, hvis de ikke selv kan gå og se disse skridt, derfor dette skrift. Ellers kunne jeg jo bare lave slogans. Og det forbliver fortsat op til andre at tro på dem eller ikke. Og lige præcis dette er jo det, jeg gerne vil ud over.

8) Jeg er godt klar over, at vi har lokaliseret hvor tankerne sidder i hjernen - fysisk - men hvor kommer de fra? Hvordan opstår de? Ud af ingenting? Ingenting er ikke særlig materielt eller fysisk vel? Og er det nogensinde lykkedes nogen at finde en tanke eller hente en tanke ud fra hjernen ved at tage en hjerne fra hinanden? Eller overhovedet at finde én? Ikke? Ikke engang en kirurg?

9) Men hvor kommer de så fra, og hvordan kommer de så ind i hjernen? Af sig selv? Ud af ingenting? Og kan ingenting overhovedet opstå ud af ingenting? Hvordan kan vi forklare en sådan process materielt? Først var der ingenting, og så er materien/tanken pludselig opstået ud af ingenting. Sådan cirka?

10) At sige, at dette kan vi endnu ikke forklare videnskabeligt i stedet for at forkaste eller fornægte dette, ville være ærligt og åbent. Lad os blive inspireret af den ungdommelige nysgerrighed og åbenhed igen og ikke lukke os om vores engang opbyggede forestillinger om, hvordan verden er. Dette vil bringe os videre, ikke forestillingen om at vi ved alting.

11) Er det stadig nødvendigt at efterse tesen om den rene materie? Det er det, for der findes også mennesker, som herudover har meninger som: alt er tilfældigt, vi lever kun én gang, jorden er tilfældigt opstået af ingenting og vil igen engang forgå i ingenting, eller bare på mystisk vis forblive som nu, uden ende.

12) For det er virkelig konklusionen, der må komme ud fra en materialistisk tankegang. Desværre ville alt i så fald være meningsløst. Så kan vi jo lige så godt alle sammen lægge os i graven med det samme for at undgå mere unødig smerte. Det ville dog være et tragisk skuespil. Så efterprøver vi det hellere i stedet.

13) Inden vi begynder, vil jeg dog gerne lige sige til dem, som griner ad dette og mener på den anden side, at der kun findes ånd og ingen materie: så ville vi ikke være her, men blot en fugtig tanke svævende et eller andet sted eller intetsteds i universet, nærmere sagt i ingenting… altså lad os tage vores logiske tænkning under armen og komme i gang.

Første undersøgelser

1) Lad os starte med tesen: verden er kun materie, et tilfældigt enkelttilfælde. Jorden er tilfældig opstået ud af ingenting og forgår før eller siden, opløser sig igen til ingenting. Eller på mystisk vis består som den er nu på ubestemt tid.

2) Overfor tesen: der findes kun ånd, det er materien, der er en illusion.

3) Overfor min tese: verden består af begge: materie og ånd. Den opståede jord og vi er, hvor disse to dimensioner udtrykker og udlever sig i og igennem. Og ingenting kan opstå ud af ingenting og noget kan ikke bare forsvinde i ingenting. De to første teser bliver behandlet før intermezzoet, og det tredje efterfølgende. Lad os gå det efter i sømmene:

4) Men lad os starte helt fra starten: altså tesen: der findes kun materie:

5) Altså, lad os sige, vi tror ikke på mere end den rene materie, fordi videnskaben ikke har kunnet bevise andet. Okay, lad os kigge på konsekvenserne: for det første, troede jeg, at tro ikke havde noget at gøre i videnskaben? Så for at være konsekvent må vi være overbeviste om, at der heller ikke findes nogen følelser, og ingen tro.

6) Men så kan vi jo slet ikke tro, at der ikke findes mere end materien. Åh, det er jo derfor vi vil vide det. Selvfølgelig. Men øjeblik, det er da et ønske. Er et ønske materielt? Nej, derfor må det være en illusion.

7) Og, hvad er der med tankerne? De er heller ikke særlig materielle, er de? Men det er jo egentlig ligegyldigt, for så kan vi i det tilfælde jo slet ikke tænke eller? Altså er det en illusion, at vi tænker, at vi tænker. Tankespinderi er det, ikke mere.

8) Sådan kommer vi altså ikke videre. Eller eksisterer tænkningen? Det er jo heller ikke fysisk. Endnu mindre end følelser. Dem føler man i det mindste. De kan føles ret reelle. Men det er jo egentlig praktisk, så behøver

vi ikke at frygte, når nogen er sure på os, eller når vi føler smerte, for det er og må jo så blot være en illusion. Ikke dårligt. Men på en eller anden måde føles det forbandet reelt. Specielt smerterne.

9) Og så en lille detalje: selv hvis vi ser helt bort fra dette, ville hele videnskaben slet ikke i første omgang være mulig med og gennem den rene materie alene. Så må vi jo lade vores tænkning og iagttagelse blive ude af det ikke? Fordi hverken en tænkt tanke eller en iagttagelses-process er i sig selv særlig fysisk vel?

10) Men på dette bygger dog hele vores videnskab. Av. Det ville gøre hele videnskaben til en illusion, i dette øjeblik. Udslette den.

11) Videnskab bygget på lutter materie er: to sten der ligger ved siden af hinanden. Færdig. Mere kan der ikke ske…

…i det tilfælde er vi færdige her. Tak for kaffe.

12) Altså, hvis vi anerkender tænkningen - hvad vi må for at tage vores opbyggede videnskab om verden seriøs og holde denne i live, må vi samtidig herigennem anerkende noget, som ikke er let begribeligt eller målbart.

13) Men når vi samtidig siger, at det kun er materie, der kan efterforskes videnskabeligt og være videnskab, indrømmer vi samtidig gennem vores tænkning at benytte en ikke videnskabelig metode eller instrument som grundlag for vores videnskab.

14) Altså er vi nødt til på dette punkt at anerkende noget ikke umiddelbart fysisk for ikke at blive stående ved de to sten. For at kunne komme videre. Hør her:

15) Dette stykke papir med nedskrevne tanker beviser, at der findes mere end kun det fysiske. Mere end det blotte materie. Ellers kunne jeg ikke tænke en tanke og nedskrive denne - på menneskelavet og udtænkt papir. (Ja, jeg har først skrevet alt dette i hånden på papir. Dette gælder dog også for en computer, lydbog eller andet.) Dette ville simpelthen være en umulighed. Og holder du dette stykke papir i hænderne, og læser du disse linier? Bevæger dette også dine tanker?

16) Hvis dette er tilfældet, er det endda ikke kun bevist, at tanker, som jo ikke er noget fast fysisk materie, kan manifestere og forvandle sig igennem vores gøren til noget fysisk - eller skulle jeg hellere sige åndeligt;

altså noget ikke fysisk materie kan forvandle sig til noget materielt - men ydermere, igennem at det bliver læst, kan transformere sig til tankeform igen og måske endda føre til nye tanker, for den som læser dette. Ja dig. Du har lige transformeret materie til tankeform. Eller skulle jeg sige forvandlet materie til noget åndeligt. I løbet af få sekunder. Fabelagtigt.

17) Vil du også prøve at materialisere noget ikke fysisk? Så hent lige noget at skrive med og noget papir, overvej noget og skriv dette ned. Tatam. Du har selv lige transformeret noget ikke materialistisk til materie. Godt gået. Du kan jo trylle. Og højst sandsynligt endda uden de store vanskeligheder eller? Hvorfor er du så overrasket?

18) Ånd er ikke et eller andet abstrakt noget. Det viser sig her meget konkret på jorden og i vores liv. Vi skal bare vide, hvordan og hvor vi skal kigge for at opdage dette. Opklare det.

19) Verden kan altså ikke bestå af lutter materie vel? Der må altså være noget andet til stede også. Spørgsmålet er stadigvæk hvad. Men det må være noget, som ikke selv umiddelbart kun er eller kan være materie, det er vi nødt til hermed at slå fast.

20) Tesen, at verden kun består af materie, må vi hermed forkaste.

21) Altså i det tilfælde, at du har kunnet følge mig og er indforstået med dette indtil videre, kan vi så gå videre. Til spørgsmålet:

22) Kan verden være opstået ud af en tilfældig enkeltbegivenhed? Eller være opstået ud af ingenting for før eller siden at forgå i ingenting igen? Eller på mystisk vis bare forblive bestående uden ende?

23) Er verden kun opstået ved et tilfælde ud af ingenting og vil forgå igen til ingenting engang? Er verden en enkel begivenhed og vil aldrig mere kunne blive til noget? Altså er verden en tilfældig enkeltbegivenhed, uden orden og mening?

24) Eller er det hele for længst aftalt, afstemt, velsignet og dermed den største organiserede mafia, som kan findes? Er det materien, der er en illusion? Hvis ja hvordan kan vi bevise dette videnskabeligt? Lad os finde ud af det:

25) Hvis vores verden skulle være en tilfældighed, er den engang tilfældigt opstået ud af ingenting og vil engang igen forgå i ingenting for aldrig mere at kunne opstå. En enestående begivenhed med kun en start og en slutning. Tilfældigt ud af ingenting i verden for derefter at opløse sig i ingenting for aldrig mere at opstå. Eller på en eller anden måde bare være endeløs...

26) Ligesom mange tænker om livet. Tilfældigt, uretfærdigt, enestående. Således har vi passende vendinger hertil såsom: "Få det bedste ud af det, man kan alligevel ikke ændre noget", eller: "vi lever jo kun én gang", og: " der var du godt nok heldig"/ "uheldig"...

27) Men hvis alt dette blot skulle være en enkelt forestående meningsløs lidelse og glæde dukket op ud af intet, for ingenting, denne vi kalder vores verden, ville det ikke blot være uretfærdigt og meningsløst men:

28) Der kunne ikke være en gentagen rytme, ingen gentagen pulseren, i noget som helst, for så ville det allerede ikke mere være tilfældigt eller enkeltstående, men derimod måtte og skulle der ligge en gentagen lovmæssighed til grund herfor.

29) En orden i en eller anden form...

30) Dvs. først gælder det om at undersøge dette: solen ville i dette tilfælde kun en tilfældig enkelt gang stå op i øst, og kun varme os tilfældigt en enkelt gang, jorden kun tilfældigt dreje sig en enkelt gang og menneskets hjerte kun tilfældigt slå et enkelt slag.

31) Dette behøver nu de første videnskabelige studier. Jeg har hertil efterfølgende lavet de tre første studier, se "intermezzo". Selvfølgelig er der behov for meget mere, det er jeg klar over. Men for at følge teserne kan vi her i første omgang tage vores tænkning, nærmere sagt tage vores logiske tænkning, og gennemgå dette logisk tankemæssigt, for at følge hvilke konsekvenser dette ville have til følge.

32) Vi kan dog med disse tanker alene ikke komme til nogen videnskabelig evidens på noget som helst, men derimod kun til en erkendelse og teoretisk viden af noget, det ved jeg godt.

33) Hvis vi hver dag på ny vågner - set bort fra om det er med godt eller dårlig humør - solen viser sig på himlen hver dag, vores hjerter slår regelmæssigt - mere eller mindre - et helt liv igennem osv. peger dette dog

hen imod, at alt dette her må/skal underligge en lovmæssighed. Så langt så godt.

34) Men kunne disse gentagelser ikke bare være et tilfælde? Hvis det skulle vise sig tilfældigt at være sådan, hvortil så alt den smerte? Af kedsomhed? For sjov? Tilfældigt?

35) Nå hvis verden bare ville være tilfældig, hvad jo er hvad Stephen Hawking har slået fast eller?...ville det så også være meningsløst. Tilfældig smerte og lidelse, uden grund. Det giver bare slet ingen mening. Men at gentage sig selv tilfældigt igen og igen ville jeg betegne som sygt.

36) Så om verden er en ond masochistisk tyran eller et ordnede logisk væsen, der måske bare endnu ikke har vist og åbenbaret sig for os endnu, må vi stadig finde ud af.

37) Vent lige, når noget gentager sig, må det da være ordnet, det kan da ikke være underlagt et tilfælde. Så ville noget kun tilfældigt gentage sig. Altså: står solen kun nogen gange tilfældigt op i øst? Nå ja, kun to gange årligt præcis i øst herfra.

38) Eller kunne det være, at alt bare forekommer os tilfældigt, og vi simpelthen ikke er i stand til at erkende ordenen, fordi vi ikke umiddelbart ser sammenhængen, eller kigger perspektivisk stort nok?

39) Hm...der findes historien om de fire blinde mænd, som hver har beskrevet en elefant helt forskelligt, fordi de har stået på forskellige steder omkring elefanten. Så hvem af dem havde ret? De skændtes vist meget om dette indbyrdes.

40) Så når nogen siger: " Solen står op og går ned hver dag", og så en anden kommer og siger: "Nej, nej sådan er det slet ikke, det er jorden, der roterer. Solen står helt stille". Tja, hvem af dem har så ret? Der kunne komme en super krig ud af det. Tilsyneladende uforenelige synspunkter, som jo begge passer - ud fra hver deres perspektiviske syn.

41) Det er i hvert fald en tese, at når der er noget, der ser ulogisk eller meningsløst ud, er der behov for et større perspektivisk syn, og så ville det give mening. Men først:

42) Men kunne verden ikke bestå af lutter ordnet materie? Så ikke tilfældigt da, men stadig ren materie? Har vi ikke materien bag os alligevel? Nå men så;

43) Hvordan vil noget organisere sig, for ikke at snakke om at gentage sig, når det blot er materie? Af vane? Af kedsomhed? Og hvordan kan

materien ikke blot organisere sig, men også vække sig selv til live? Bringe sig i bevægelse? Bevægelse. Hm...gentagen bevægelse.

44) Lovmæssigheder. Ha, se, enkelt. Ligesom fotosyntesen, grundskoleviden. Flere spørgsmål? - Ja fordi, hvor kommer det da fra? En lovmæssighed, en gentagen bevægelse, indeholder ikke kun en orden, men også bevægelse, som selv fordrer at være levende. Hvor kommer dette levende fra? Den levende organiserende orden fra?

45) Består materie af levende organiserende orden? Klart, ha. Det lyder nu ikke særlig fysisk og fast, gør det? Snarere som noget, der har sneget sig ind i en spalte af materien og gennemtrænger og virker i det. Vækker det til live.

46) Livet er altså ren materie?

47) Hvis livet ville bestå ud ren materie, ville det hedde materie lige ud og hverken levende eller organiseret. Livlighed eller organiseret er i sig selv ikke materielt. Så ville det hedde materie og ikke liv eller organisation, men materie. Ingen bevægelse ville være mulig i verden. Da bevægelse i sig selv heller ikke er materielt. Vi er således blot tilbage ved de to sten.

48) Og hvis en lovmæssighed ligger til grund for verden, kunne dette ikke være som en enkel begivenhed. For lovmæssighed forlanger gentagelse.

49) Ikke kun giver det ingen mening, at et tilfælde eller endda en enestående begivenhed skulle ligge til grund for verden, det ville simpelthen være umuligt, sådan som verden åbenbarer sig for os, og når man tænker over det.

50) Når man tænker over det, er det utrolig beroligende. Og derudover ville det ikke kun være et mirakel, det ville frem for alt være meningsløst. Det giver absolut ingen mening, udover at vi hermed allerede må indse, at det faktisk er en umulighed.

51) Vent, vent, vent...energi. Ha. Det har Einstein da for længst opklaret. Altså liv er energi, og energi er så materie i bevægelse...og så ruller evolutionen.

52) Energi kan muligvis forklare evolutionens gang, dog lyder dette dog heller ikke særlig materielt. Og der er stadig et, væsentligt, ubesvaret spørgsmål:

53) Hvor og hvordan opstår den første bevægelse? Ud af sig selv? Ud af ingenting? Hvordan kan man videnskabeligt eller overhovedet forklare og omgås ingenting? Undersøge? Det lyder i hvert fald heller ikke til at

være særlig materielt. Altså først var der ingenting, og så opstod verden lige pludselig ud af ingenting? Eller i det mindste den første bevægelse? Her er vi vist tilbage til mirakler. Den eneste, der åbenbart har kunnet gøre dette efter, er vel Maria…

54) Der må da, mindst ***potentielt*** være noget, som sætter denne første bevægelse/bevæggrund i gang. Eller i det mindste giver anledning sig til at bevæge sig. Liv altså. Altså fører dette os bare tilbage til starten: Hvad er livet, og hvordan er det opstået? Gravitation og kvantefelt kan måske forklare dette efterfølgende, men ikke til at starte med. Altså må vi fastslå, at den materielle verden er en illusion, og lade den opløse sig…i ingenting… eller søge videre.

55) Hvad er materie igen? En fysisk håndfast genstand. Selvom vi jo i den atomare verden har måttet erkende - og med skræk har måttet fastslå - at det, som tilsyneladende viser sig så ellers fast for os, mest er luft/ingenting?/tomt rum og bittesmå dele i bevægelse… altså alligevel ingenting? Lutter energi? Har de alligevel haft ret i, at det er materien, der er en illusion?

56) Så behøver vi i hvert fald ikke at fortsætte her, for så er vi her jo slet ikke…uhh, vi er vist lige ved at forsvinde i ingenting tror jeg, hvert øjeblik…jeblik…blik…ik…

57) Øjeblik, ikke så hurtig…den materielle verden synes os altså fast. Og giver dette os ikke den mulighed at frembringe håndgribelige argumenter? At søge og undersøge det usynlige ubegribelige i det synlige og begribelige? Lad os da forsøge at fortsætte, hvis vi tør. Vi står nemlig i øjeblikket ganske tæt på kanten til ingenting.

58) Hvad nu hvis materien bare altid har været der og blot har ændret form. Aha, ja en god tese. Meen, igennem hvad og hvordan kunne den ændre form? Hvis vi antager at, lad os sige, den skal ændre sig fra et træ til en sten i rummet, behøver den da en transformationsfase, hvor der imellem også må være en fase, hvor den hverken er synlig træ eller sten eller? Præcis denne process undersøger jeg i kapitel 7 med en blomst.

59) Altså er og indeholder og stammer materie fra ordnet bevægelse i rummet? Kan orden og bevægelse overhovedet være materie?

60) Eller er det et princip, en orden som virker i materien? Endda skaber materien og derved også er materie selv? Hvad kunne dette være? Et princip er i hvert fald ikke særlig fysisk, vel?

61) Dvs. ordnet materie - for overhovedet at kunne opstå, i rum og tid, fysisk, må være underlagt et princip? En idé. En ordnet lovmæssighed. En mening. Altså ikke meningsløst, ikke sygt altså. Kun for os måske ikke altid lige synlig i det fysiske? Eller endnu ikke synlig? Fordi det nemlig ikke selv er materielt?

62) Måske prøver naturen bare først alle muligheder af som findes, og disse synes os derfor meget kaotiske, og vi antager så bare tilfældige?

63) Eller kan det være, at det, som viser sig for os som kaos, bare er som en umoden frugt, ikke moden endnu i den fysiske verden og derfor viser sig synligt for os som kaos?

64) Gentagelse har brug for bevægelse. Bevægelse har behov for liv. Materie behøver rum. Og en ordnende bevægelse i rummet har brug for en orden/skitse/idé/princip for at kunne skabe verden og livet. Eller? Er vi endelig videre end den blotte materie?

65) Altså, hvad er et princip? En fysisk håndfast genstand, som en sten? Nej et princip er en idé, noget som ikke umiddelbart er håndgribeligt i sig selv. Dog kan den omfatte og indeholde stenen…aha, og videre:

66) Eller kan dette princip være Maria…oh Gud, jeg mener…materien, selv? Kan Maria…øhh…materien ud af sig selv sætte en bevægelse i gang?

67) Bevægelse behøver liv. Noget som på en eller anden måde ud af sig selv fra A til B transmuterer, transporterer eller metamorfoserer…jaja, bevæger sig okay.

68) Hvor kommer dette levende fra? Hvad er det? Kan det være energi? Bevidsthed?

69) Det er i hvert fald noget, som i en eller anden form er ordnet, gentagen process som må ligge den materielle verden til grund, og ikke selv kan være det. Ikke?

70) Hvis dette bagvedliggende princip ville være materien, ville det være materie og ikke et princip. Okay, kan det være energi? Hvis det ville være energi, ville det hedde energi og ikke et princip. Ville det være bevidsthed, ville det hedde bevidsthed og ikke princip. Indtil videre ved vi:

71) Gentagelse behøver en orden, et princip.

72) Okay, og videre betyder det, at verden må være underlagt et ordnende princip. Og, som må indeholde liv.

73) Det kan ikke være tilfældigt, så længe der noget sted viser sig en gentagelse af noget som helst i verden. Det tyder da på en retning. Giver håb.

74) Tesen, at verden består af materie alene, må vi hermed endegyldigt forkaste.

75) Altså livet og den orden, der er synlig i vores verden, kan ikke være underlagt den blotte materie alene eller endda være den. Og det kan ikke være et enkelt tilfælde eller tilfældigt være opstået ,fordi det er muligt at erkende rytme i verden ud af den blotte iagttagelse.

76) Og det giver jo det håb, at der endda kunne være en mening med livet. I det tilfælde, at verden ikke ville indeholde en mening, ville jeg stadig betegne verden og universet som en ond tyran. Ordnet diktatur? Måske for at ophøje sig selv ved at torturere andre?

77) Hvis verden har en mening, ikke kun en orden, ville jeg vove at betegne denne - også selvom vi ikke ville være i stand til at se denne, som kærlig. Ikke for ingenting. Meningsfuld. Det ville da være rart. Men hvilken mening kunne stå højere og berettige eller ligefrem ophæve alt den smerte, som verden oplever? Det måtte dog være en forbandet god grund. For at påskønne det skønne rækker ikke her. Det er jeg ked af.

78) Hvad kunne denne levende orden så være? Hvis ikke engang energi eller bevidsthed i sig selv her er nok?

79) Et princip? En idé, som allerede indeholder hele ordenen (bevidstheden?) og muligheden (energien?) for at skabe verden og universet, før det er skabt? For hvis ikke inden, ville det være tilfældig orden. Og det måtte tilmed været opstået ud af ingenting. Rummet og bevægelsen må nødvendigvis også selv allerede være til stede som princip? Ligesom en kim?

80) Det måtte så være et universelt princip, så det ikke kun ville være nogle steder eller i nogle bevægelser, og ikke i andre?

81) Så ville der være kaos nogle steder, og orden andre steder. Ville dette være muligt? Verden kunne godt se sådan ud. Men ville det være en mulighed, at et princip, en lovmæssighed, som ligger til grund for verden,

ikke har udfoldet sig fuldt ud endnu og derfor virker og føles umulig, kaotisk og endda smertefuld? Lige som et surt æble, der endnu ikke er til at nyde, fordi det endnu ikke er blevet modent? En lovmæssighed indeholder logik. Så ville der være logik overalt…

82) Et princip, som omfatter alt, indeholder alt som princip, som en ordnende idé, logisk og endda kærlig, blot ikke moden i den fysiske verden? Det måtte så være universelt, logisk set. Der må altså være en universel lovmæssighed , som ligger til grund for verden? Ha…

83) En universel lovmæssighed?

84) Sig mig engang, fører dette ikke til det spørgs-mål som jeg søger? Hvad er en universel lovmæssighed? Hvor mange universelle lovmæssigheder findes der? Og, hvordan kan de forskes i videnskabeligt?

85) Hvis denne er universel, lader dette ingen rum tilbage til ingenting, og det intet opløser sig hermed ligesom selv til luft og bliver til…øhh… ikke intet, for det går jo så ikke, nå ja men hvad så? Tja, det må da blive til et eller andet, i det mindste potentielt. Eller? Hvad præcist gælder det stadig om at finde ud af. Puh, men det er stadig nemmere at omgås noget end ingenting. Også selvom det ikke umiddelbart er at se fysisk.

86) Altså: ja, dette fører dog til det søgte spørgsmål, som føre til The Missing Core:

87) Hvad er de universelle lovmæssigheder? Hvor mange universelle lovmæssigheder findes der? Hvordan kan de forskes i videnskabeligt?

Wow.

Intermezzo

Så, hvilket spørgsmål skulle man altså stille sig selv hvis man gerne vil have svar på, hvad livet er? Videnskabeligt. Hvad ville være de væsentlige spørgsmål?

Jeg ved det, jeg havde selv først ingen anelse om, hvordan jeg skulle gribe dette an, og startede derfor bagfra. Jeg startede med at spørge efter en mening. Jeg sagde til mig selv, at hvis alt dette skulle have en mening, måtte det dog være muligt at gennemskue og erkende dette igennem et eller andet. For hvis verden har en mening, må den optræde logisk.

Hvis alt er tilfældigt, kan der heller ikke være nogen mening. Det ville i hvert fald være et rent tilfælde så, og det giver ingen mening. Altså meningsløst. Så hvis det hele er tilfældigt, er det også meningsløst. Men hvis alt er tilfældigt, kan der altså ikke være nogen gentagelse eller orden i verden, for det er så ikke mere tilfældigt men mere som en slags orden.

Dvs. at hvis alt er tilfældigt, ville det ikke være muligt at iagttage gentagelse, i noget som helst, for det ville nærmere henvise til en lovmæssighed og ikke kaos. Altså forsøgene, som man skulle stille op for at afklare dette, ville være, om det er muligt at iagttage gentagelse i et eller andet.

Det er så det, jeg gjorde. For selvom jeg godt ved, at der er meget i livet, der gentager sig - dag, nat, vågentilstand, søvn osv. er og forbliver det jo ikke videnskabeligt, før der er nøgterne studier af dette, som er gennemført og draget en konklusion på. Altså sæt dig hen og gennemfør dette. Som sagt så gjort.

Og forfærdet gennemgik jeg materialet i studierne. For jeg fandt faktisk ikke med bedste vilje nogen gentagelse noget sted…oh ve og jammer…det havde jeg ikke lige forventet…hvordan kan det lade sig gøre? Hver dag var anderledes, hvert forsøg nyt. Intet var det samme.

…indtil der gik noget op for mig. Jeg så gentagelse. Bare ikke der, hvor jeg først søgte efter det. For indholdet i mine forsøg, og dette gælder alle tre studier, påviste ikke nogen gentagelse overhovedet, hver dag, hvert minut var anderledes, nyt. Kun kendsgerningen at en ny dag, at jeg havde et nyt stykke papir osv. gentog sig. Puh, det var knapt.

Men rækker en kendsgerning? Det er da ikke noget i sig selv eller? Det er dog kun en idé. Først førte det mig til erkendelse af, at hvert øjeblik er nyt, har aldrig før eksisteret præcis således og kan heller aldrig lige præcis blive sådan igen. Hvert øjeblik er unikt. Vi tror, vi gentager os hver dag, men det er slet ikke muligt. Ikke virkeligt. Wow.

Men så kunne jeg gå denne gentagelse nærmere efter og undersøge den videre, og dette har ført mig videre. Altså der findes lovmæssigheder, orden. Gælder dette for alt eller kun for noget? Hm, hvis det kun ville gælde for noget, ville tilfælde dog måtte gælde for resten…det ser umiddelbart ud som vores verden, ja…men, det giver ingen mening. hvordan skulle det være muligt?

Her er tilfældig orden og her er tilfældig eller ordnet tilfældighed? Det må, også selvom vi ikke er i stand til at erkende dette, være enten eller. Og tilfælde har vi udelukket, altså må orden ligge bag alt. Men dvs. at det må være muligt at erkende denne orden i alt, og endvidere må denne lovmæssighed gælde overalt. Det må altså være en universel lovmæssighed. Er her det væsentlige spørgsmål som fører til The Missing Core?

Dette førte mig til sidst hen til mine spørgsmål: Hvad er de universelle lovmæssigheder? Hvor mange universelle lovmæssigheder findes der? Og hvordan kan man forske i dem videnskabeligt?

Smug kigget ind i studierne:

Videnskabelige forsøg, formuleret og udført i 2018 i DK: De følgende undersøgelser/observationer går ud på og fra:

Undren:
Kan man ikke undersøge alt videnskabeligt?

Hypotese:
Alt følger én universel lovmæssighed som ligger til grund for alt skabt. Denne ene universelle lovmæssighed er underlagt en ordnende idé som rummer alt, som evigt er, potentielt tilstede overalt.

Observationer:
Er der gentagelse i noget i verden? - Kun hvis det er en ordnende idé, der ligger til grund for alt, vil gentagelse i noget som helst kunne finde sted.

Af/be-kræftelse:
Hvis ja ligger en ordnende idé bag alt, og man kan undersøge alt videnskabeligt! For der vil så ligge orden og gentagelse bag alt. Hvis nej er muligheden for, at vi er et tilfælde i kaos, ikke videnskabeligt udelukket.

De tre følgende studier konkret: Som sagt så gjort: Formuleret i juli 2018 og udført i seks måneder, fra 1. august 2018 til 1. februar 2019 (hver morgen mandag til fredag):
(Hvert studie er optegnet i en hardcover A4 notesbog. Inklusiv vurdering.)

Studie 1: Ydre Vejrobservationer

Videnskabelige forsøg: De følgende undersøgelser/observationer går ud på og fra:

Undren:
Kan jeg observere gentagelse ved at iagttage naturens gang? - Gentagelse i noget uden for mig selv.

Hypotese:
Alt levende (det endelige) ligger under for én universel lovmæssighed, som udspringer fra og ligger under for ét ordnende princip (det evige).

Observationer:
Jeg iagttager vejret i naturen, ét bestemt sted, hver dag (man.-fre.), på samme tid (9:15), samme sted, i en periode (01. aug. 2018 - 01. feb. 2019).
Jeg sidder på en stol på nordsiden af huset på 56°19´49 N, 9°26´45 Ø, 52m (over havets overflade), DK, på 1. sals altan og kigger mod øst.
Først tager jeg et foto, så nedskriver jeg egne observationer, gennem mine fem sanser, og så udvider jeg diverse data med følgende apps:
"Thermometer" - måler grader og luftfugtighed.
"Genauer Höhenmesse" - højde, bredde og længdegradsmåler.
"Weather Forecast" - tid sol op/ned, vindhastighed, (forskelligt antal satelitter), vindretning, sigtbarhed og tryk.

Vurdering:
Hvis ja beviser det, at dette ordnende princip, som er alt i sit potentiale og af oprindelig ikke-fysisk natur, eksisterer, og ligger til grund for al skabelse. Det fysiske inklusivt.
Hvis nej er muligheden for, at vi er et tilfælde i kaos, ikke videnskabeligt udelukket.

Studie 2: Indre Vejrobservationer

Videnskabelige forsøg: De følgende undersøgelser/observationer går ud på og fra:

Undren:
Kan jeg observere gentagelse ved at iagttage noget i min egen naturs gang? - Gentagelse i noget inden i mig selv?

Hypotese:
En verden med orden og udvikling har behov for et ordnende levende princip for at kunne udfolde sig uden at være blot kaos og tilfældighed. Det kaos, vi ser svarer til et æble, der er umodent. Verden ligger under for et universelt levende princip, som er til stede i alt til hver en tid, som styrer verden. Uden den ville gentagelse ikke være muligt, og forfald ville være uundgåeligt. Denne er selv ikke-fysisk.

Oberservationer:
Jeg observerer og dokumenterer min egen vejrtrækning - uden at påvirke den ekstra, i fem min. hver dag (man-fre. 9:30-9:35 fra 01. aug. 2018- 01. feb. 2019). Jeg har et ur med sekundviser foran mig.

Vurdering:
Hvis ja, eksisterer der et underliggende virkende princip for verden, som er levende og evigt. Hvis nej, er dét kaos, vi lader til at befinde os i, ikke så underligt, men virkeligt, og verdens undergang forestående.

Studie 3: Observationer af ej fysiske Objekter

Videnskabelige forsøg: De følgende observationer/undersøgelser går ud på og fra:

Undren:
Kan man forske videnskabeligt i noget, som ikke umiddelbart udspringer af noget fysisk?

Hypotese:
Alt kan undersøges videnskabeligt. Også dét, som ikke udspringer af en fysisk natur.

Observationer:
Jeg iagttager og dokumenterer mine tanker og følelser i fem min. hver dag i et halvt år: (man.-fre. 9:35-9:40 fra 01. aug. ´18- 01. feb. ´19)*
*Ændret tidspunkt fra dag 2 til: 9:45-9:50.

Vurdering:
Hvis det er muligt, burde det være muligt at erkende den bagved-liggende lovmæssighed. Og derigennem lære følelserne og tankernes lovmæssighed (væsen) videnskabeligt at kende.

Vurderingen heraf efterfølgende har jeg sammenfattet og kan læses i "Intermezzo".

Overordnet var jeg først i chok, da jeg ingen gentagelse kunne afdække overhovedet...det havde jeg ikke regnet med...indtil der gik noget op for mig...og jeg fandt gentagelse, men bare ikke der hvor jeg havde kigget efter den...og derefter kom erkendelsen til mig at vi ikke kan gentage os selv i denne verden. Hvert øjeblik er nyt og unikt. Wow. Gentagelsen lå i, at jeg gentog forsøgene hver dag. Altså i formen og ikke i indholdet. Og ja vi kan forske i alt videnskabeligt - også selvom det nok kræver en del øvelse, for at få klare resultater. Og det er muligt at fatte væsenet herigennem som giver os muligheden for at forstå verdens lovmæssighed som er nødvendige for at vi kan bygge en bedre verden her på jorden i overenstemmelse med naturen og vores sande fantastiske og skabende evigt levende væsenskerne.

Kapitel 5 fortsat

Videre undersøgelser

88) Det ville så være en universel lovmæssighed, der ligger til grund for vores verden og alt, hvad der viser sig i universet, endda det som ikke viser sig. Det ligger i dets natur, at det er noget, som igen og igen gentager sig på en bestemt måde, og universelt betyder, at det er det samme princip gældende i hele universet. I hele rummet. Hvis universelt.

89) Hvordan det ser ud konkret, eller hvilken størrelsesorden denne universelle lovmæssighed viser sig i, kan principielt ikke gøre en forskel.

90) Lovmæssigheden i sig selv er den samme, lige meget om stor eller lille eller i hvad, den viser sig. Det er altså noget, som selv altid er ens og forbliver det samme, også selvom det viser sig konkret i forskellige ting eller måder eller størrelser.

91) Det skal derudover være det bagvedliggende princip, som lader verden vise sig, som den er, som dog ikke blot er verden, men også dens princip, altså den bagvedliggende drivende kraft i form af potens, som optræder som bevægelse, i faste former, som muliggør alt og optegner alt, som det viser sig.

92) Altså selv ikke kun er denne universelle lovmæssighed og viser sig som denne men også er dens princip og væsen. Okay, og videre?

93) Det universelle lovmæssigheds princip. Hvad kunne dette være? Det må være noget, som ikke kun er universelt, men som altid er til stede som et princip og en mulighed. Som er alt men som endvidere indeholder alle muligheder, som endnu ikke er. Som potentiale. Som princip og potentiale er alt selv. Og samtidig er alt, der er til stede.

94) Som selv er og indeholder det levende...hvorfor levende? Kunne noget, der er dødt, skabe liv? Det må i det tilfælde i det mindste potentielt være levende. Hvad kan dette princip så være?

95) Er svaret energi? Allerede for længst opdaget? Energi kan såmænd i første omgang forklare bevægelsen og opretholdelsen af livet, dog hverken ordnen eller opståelsen af livet. Jeg er ked af at måtte sige det.

96) Så bevidsthed vel? Også for længst erkendt? Men hvis nu, måtte det dog allerede have bevidstheden og være den og ikke have behov for dette spørgeri eller? Så er vi nået tilbage til spørgsmålet om, hvad der først var der, hønen eller ægget.

97) Er svaret livet selv? Ja klart, men forklar lige livet tak?...Hm.

98) Vi bevæger os lige stadigvæk i ring. Jeg kan dog ikke slippe den fornemmelse af, at vi er tæt på, blot mangler et lille, et stort...noget afgørende...noget...potentielt set...jeg kan bare ikke komme på hvad. Jeg frygter, at vi evigt her kan søge efter det...

99) Undskyld...hvad var det lige? Potentielt? Som potentiale? Som kim...som potentielt set kan alt og indeholder alt...og: evig? Som i evigheden? Som begreb...let kan indeholde al tid og rum og alt uden for tid og rum...sådan rent principielt og potentielt set. Haha. Hvor kom det lige fra? Af et evigt potentiale? Haha...

1.0) Wow, okay men, nu seriøst, er evigheden reel? Jeg mener, er det ikke bare sådan et begreb, vi slynger ud overalt for sjov? Hm, det bliver godt nok rimelig tit benyttet og taget alvorligt i kirken. Og det er i hvert fald faktisk et begreb. Men videnskabeligt?

1.1) Hm...lad os dog engang se på, hvor det fører os hen, hvis vi for en kort stund tager evigheden alvorlig, i det mindste potentielt:

1.2) Hvis kernen, væsenet af dette princip fra denne universelle lovmæssighed ville være evigheden, ville følgerne være:

1.3) Det der findes...vores jord?...og vi?...ville så være...endeligheden?...skabt i og igennem evigheden? Altså evigheden, uendeligheden, og endeligheden en del af og ud fra det evige, uendelige tilstedeværende potentiale? Endeligheden som eksisterende mulighed, begribelig, ud af det uendelige evige kun som en potens intetsteds og dog overalt tilstedeværende potentiale, tilsyneladende trådt ud af dette? Det starter da godt.

1.4) Tja, så kan vi jo virkelig forgæves for evigt søge i det fysiske. Her kunne rent faktisk være noget om det. Uhh. Spændene. Lad os lige stille evigheden nogle spørgsmål:

1.5) Kan evigheden stå for sig selv? - Ja, gør den nok også ind i mellem for et stykke tid. Hvorfor besidde alt potentielt hvis ikke udlevet?

1.6) Kan verden - endeligheden bestå uden dette princip, evigheden? Kun hvis enkeltstående tilfælde alene ville være tilfældet. Og dette er tilfældigt ikke tilfældet. Altså nej. Fordi:

1.7) Uden evigheden ville ingen rum for endeligheden kunne skabes, da det ikke kunne have en start i ingenting. Hvis det på en eller anden måde og på et eller andet tidspunkt faktisk skulle starte, må det jo også gøre det konkret i og ud af et eller andet, på et eller andet tidspunkt. Altså ud af potentialet, ud af kimet, allerede til stede men endnu ikke til stede. Som en blomst allerede er en blomst til stede som frø men alligevel endnu ikke er en blomst. Potentielt ja men ikke virkelig.

1.8) Hvordan er evigheden begyndt? Hvordan er den opstået? Det er den ikke, da den allerede altid har været til stede. Hvornår ender den så? Det gør den heller ikke, men vil altid bestå fremover. I modsætning til endeligheden, til verden, som engang er opstået og engang vil forgå - da det er lovmæssigheden for det endelige, at det har en begyndelse, og det har en slutning i det fysiske rum. Og i modsætning til det endelige,har evigheden hverken behov for tid eller rum. Den kan være overalt til enhver tid.

1.9) Men enden på det endelige er kun enden set ud fra det endelige. Fra det uendelige er enden en overgang til en potentiel ny start og kan således opstå og forgå igen. Blot ser det aldrig helt ens ud. Kan det heller slet ikke. Kun lovmæssigheden, som bevæger verden, forbliver den samme.

1.10) Hvordan er vores jord så - og vi - opstået? Ud af denne evige levende potentielle tilstedeværende potens. Tilsyneladende trådt ud i den endelige verden fra det evige, faldet ud hvor vi tilsyneladende tilbringer nogen tid, et eller andet sted med et eller andet for synligt igen at dø. Til gengæld virkelig, ikke kun potentiel.

1.11) Det vil sige, at evigheden så er levende og potentiel. Kan den være det? Den kan i hvert fald ikke være død, hvis den endda skal frembringe liv ud fra sig selv. Potentiel levende eller levende og potentiel. Klart. Potentiel stille, ventende, levende.

1.12) Er lovmæssigheden i det fysiske så betinget af bevægelse for rent faktisk at opretholde livskraften fra det evige potentiale i det fysiske?

1.13) Det måtte så være konstant bevægelse for at kunne opretholde sig levende i det fysiske eller? Energi som en udlevet mulighed igennem konstant bevægelse i rum og tid for at skabe noget? En lovmæssighed behøver dog endda bevægelse for ikke at forblive potentiel. Altså ja.

1.14) For at gøre bevidstheden til virkelighed måske? Det ville dog være en drivkraft og grund til udviklingen for livet. At udleve dets potentiale. Også selvom dets potentiale ville være uendeligt. En grund til bevægelse. En bevæggrund.

1.15) Kan endeligheden - jorden - faktuelt så være uden slutning og bare på en eller anden måde bestå for evig tid? Hvis den er opstået i og underlagt lovmæssigheden om opståen og forgåen- i konstant forandring og bevægelse - må den nødvendigvis på et eller andet tidspunkt have en slutning i tid og rum. Men muligvis kun set ud fra det endelige?

1.16) Enden på det endelige kunne således, kun set ud fra det endelige være enden, udfra det uendelige set være som en overgang til en mulig nybegyndelse. Hm, i evigheden kan det endelige vel uden problemer bestå videre hen.

1.17) Altså er spørgsmålet, hvordan og hvad bliver bestående i evigheden efter det virkelige liv? For hvis evigheden vil kunne gøre sig virkelig, vil hun bestemt også gøre dette for evigheden eller?

1.18) Okay, det er jo utroligt, hvad evigheden kan, jeg tænker, at vi fra nu af også burde tage hende seriøs. Åbenbart har evigheden meget at sige og meget at lære os. Hun formår i det mindste som begreb at forklare os sådan set stort set alt. Det må man kunne.

1.19) Kunne det være noget andet? Jeg ved ærlig talt ikke hvad, det skal jo stadigvæk være noget, der er overalt og i alle ting og endda i det, som ikke er ting, selv være tingene, og dog derudover være dets princip. Altså kan det ikke være solen eller ellers en planet eller være noget fysisk, da dette ville være begrænset…hvad med lys? Jeg ved det ikke. Kærlighed? Hm, kunne være. Men det er svært at begribe.

1.20) Logik? Hm, logik må jo være indeholdt, men vel ikke det eneste, der omfatter alt. Det indeholder orden, og det er et princip, men det kan ikke forklare livet. Det er dog en vigtig del af evigheden, i det mindste når den vil udleve sig og ikke vil ende i kaos. Det er jo allerede i lovmæssighed, der igen slumrer i evigheden.

1.21) Gør det egentlig en forskel, hvilket begreb man tager? Så længe det formår at forklare, hvad livet er, er det allerede storslået. Og jeg var endda klar til at opfinde nye begreber. Det er måske slet ikke nødvendigt. Altså jeg benytter mig af evigheden. Det er da logo. Altså kan vi fastslå at:

1.22) Nej, verden kan ikke bare på en eller anden måde uden ende forblive bestående. Den må, i det mindste i det fysiske på et eller andet tidspunkt gå under. Have en slutning.

1.23) Og dog, må noget heraf, på en eller anden måde forblive bestående i det evige. Spørgsmålet er bare stadig hvad og hvordan.

1.24) Så ville der være potentiel energi i evigheden? Og potentiel bevidsthed? I væsenet fra det evige? Ja, levende, potentiel alt energi og albevidsthed må der være. Nu giver det så mening, det var altså tæt på med energi og bevidsthed. Væren, levende og potentiel, kim-agtig, væsentlig, til enhver tid overalt potentielt til stede - evigheden.

1.25) Det er jo svært nok at fatte energi og bevidsthed i sig selv, men at fatte dette potentielt til stede, begribe det, ikke ligefrem nemmere.

1.26) Noget andet: hvad sker der efter "døden"? Hvis lovmæssigheden er ens overalt, lige meget størrelse må det dog være muligt at tage noget lignende, som har en lignende process for at få en anelse og et indblik eller? Som dag og nat f.eks. Dette undersøger jeg i kap. 8; Mennesket.

1.27) Det ville sige at bag alting, og i alt til enhver tid ville ånd være til stede, liggende til grund til stede; altså en levende ikke fysisk naturs væsentlige bevidsthed/væsen. Om ubevidst eller bevidst spiller i første omgang ingen rolle.

1.28) Dvs. vi er ikke kun blot materie, vi er, og alt er, ånd?

1.29) At der er og må være noget, har jeg jo fundet videnskabelig evidens for igennem mine studier. Selvom det jeg rent faktisk har kunnet gøre og bevise er, at det må være levende og evigt. Wow. Så:

1.30) Ikke materie ligger til grund for alt, men ånd.

1.31) Det med evigheden har ikke engang en præst kunnet forklare mig sådan. Selvom de åbenbart ved dette...eller håber de kun at tro dette, fordi de mærker, at det må være således? Men inden vi af begejstring fejrer løs, at vi endelig kan forklare livet, har vi så her et andet problem, for:

1.32) Har de andre så haft ret, at materien blot er en illusion?

1.33) Åh Gud er der her mange forhindringer for klarheden...altså:

1.34) At alt må være ånd, må vi indtil videre erkende og anerkende. Her har de haft ret ja. Men materien en illusion? Men nej, så kunne vi rent faktisk ikke være her...

1.35) Altså alt er ånd og i alt er ånd - levende til stede. Ja, i den fysiske verden og materien bestemt udlevet, som en bestemt ting, mulighed, virkelig. Alle andre steder ubestemt til stede, potentielt, levende, svævende i evigheden.

1.36) Så materien er ikke blot (død) materie, men levende skabende udtryk for de principielle muligheder af den åndelige levende væren. Levende ånd i fysisk rum. En rent faktisk udlevet potentiel mulighed.

1.37) Det levende ordnede evige princip - evigheden, måtte forblive et rent princip hvis ikke materiel. Logisk tænkt. Så. Puha, det var knapt.

1.38) Den fysiske verden leverer da beviset på, at dette ikke blot er en illusion, men at det i det mindste delvist eller et stykke, er det uendelige princip af ordnet livlighed som har udfoldet sig i endeligheden. Fysisk, endda skabt den materielle verden. Wow, det forklarer i hvert fald alt...og nej, så har de ikke haft ret.

1.39) Den altomfattende uendelige evighed er altså overalt til stede, til enhver tid. Og så ville dette os forliggende endelige være det bevidste af potentialet? Den mulige bevidsthed? Det levende evige princip udlevet? Ånden bag og i alt udtrykt? Det levende princip, det som kan "skabe" og "udslette" liv, princippet som holder os i live og lader os ånde? Princippet som ånder i os igennem...bevægelse som energi i rum? Den udlevede evighed i endeligheden igennem os i en ordnet lovmæssighed? Energi, ikke blot holdt potentiel men virkelig?

1.40) Ja, det giver mening, er logisk. Og det bedste ved det;

endelig forklarer det den første bevægelse og dette ikke ud af det tomme intet, men derimod endda ud af sig selv.

1.41) Evigheden er jo genial, det lykkedes rent faktisk for den at forklare hele livet.

1.42) Det er muligt, at man hertil også kunne benytte andre begreber, men for at forklare livet, for at forstå og fatte livet, rækker evigheden som begreb og væsenhed i første omgang.

1.43) De spirituelle betegner som sagt dette som ånd. Altså: i første omgang ikke fysisk levende liv - eller noget. Er det jo også. Det er bare en smule svært at begribe, og det fysiske kan her hurtigt blive overset eller gå tabt som ikke åndeligt. Levende potentielt væren. Kald det Ånd, Gud, Evigheden, eller noget andet. Jeg tænker, for evigheden spiller det principielt ingen rolle, hvad den bliver kaldt. Er vel bare hvad den er. Dog er evighed her nyttig, når vi gerne vil forstå dette.

1.44) Morsomt, prøv lige nu at læse starten på biblen: "…og Guds ånd svævede over vandende…" og: "Gud ser alt, kan alt, er alt…" og: " glemmer intet"…

1.45) Faldet ud af paradiset ville så være faldet ud af potentialet, den blotte væren som potens, men kun som potens som kim, som mulighed til stede. Faldet ned i endeligheden, tilsyneladende begrænset, synlig smertefuld begrænset og mærkbar delt fra det uendelige men til gengæld faktisk som en udlevet mulighed i endeligheden. Men kun tilsyneladende delt fra evigheden og uendeligheden. Ligger smerten heri? Et godt spørgsmål, men indtil nu kan vi sige:

1.46) Alt er ånd, ja, men nej, materien er ikke en illusion, men derimod et bevis på, at Ånden/Evigheden har udlevet og virkeliggjort en mulighed konkret og begrænset ud af den potentielle evighed, har skabt og er endeligheden. Således må vi:

1.47) Forkaste tesen at materien er en illusion. Og så må vi konkludere, at tesen at vi både er ånd og materie, forviklet ind i hinanden, afhængig af hinanden hermed er bekræftet, for:

1.48) Der findes kun ånd, ja, men materien er en fast andel af ånden. En faktisk udlevet mulighed af evigheden, der ellers kun ville være potentiel.

1.49) Så, det var vel det, så kan vi godt gå hjem. Livsgåden er løst. Eller? Se, det behøver blot det væsentlige spørgsmål, og lynhurtigt har vi løst gåden om livet. De første to i det mindste. Gud hvor er det skønt. Nu mangler vi bare stadig en mening.

1.50) Alligevel - hvordan kan man dog bevise dette videnskabeligt?* Det er jeg stadigvæk ikke klar over. Men til gengæld ved jeg hvad jeg er, hvem jeg er, og hvor jeg kommer fra. Det er en god start. Jeg ved endda hvad livet er, og klokken er ikke engang ti om formiddagen.

1.51) Og når jeg overvejer det, har jeg stadig ikke fået svarene på mine Core- spørgsmål, jeg har kun stillet dem. Wow. Hvad sker der mon, hvis jeg så også finder svarene på disse spørgsmål? *(Skrevet før mine forsøg.)

Intermermezzo

Hvis du ikke har kunnet følge mig indtil nu, eller du holder det hidtidige for ævl og vrøvl, er videre læsning muligvis tidsspilde for dig. Så læs det hellere igen, eller foretag dig noget som giver mening for dig. Meningsløse gøremål giver jo ingen mening. For resten går det dog videre:

Så, hvis det er evigheden, der er kraften, som er alt, som ligger i alt potentielt og gør det muligt igennem os og verden at give sig selv alle mulige udtryk for at udtrykke sig selv for at udleve og blive sit eget potentiale ikke kun at være det…:

er vi evige.

Da vi kun er et udtryk og en skabt del af dette potentiale. Hvis det forholder sig således, er vi - i os en del - evigheden selv.

Vores oprindelse, hvad vi i sandhed er og hvor vi kommer fra, er potentiel evig bevidsthed. Ikke manifesteret, evig levende bevidsthed, her blot tilsyneladende delt fra det. Hvilken velsignelse.

Jeg elsker dette øjeblik, denne dag fyldt med mirakler. En i sandhed mirakuløs dag. Dvs. ethvert øjeblik indeholder potentielt hele evigheden i sig, alle muligheder potentielt klar til - som bevidsthed, bevidst - igennem os og denne verden - at blive født. I sandhed skabt. Det er vidunderligt. Vi er dog ikke helt færdige. For…

Kapitel 5 fortfortsat

Efterfølgende undersøgelser

1.52) Hvor mange universelle lovmæssigheder findes der så? Tja, en hel del bestemt. Ikke kun 3 eller 5? 7? Mindst. Eller 12? 33? 101? Millioner? Uendelig mange?...

1.53) Jeg har forsket i, hvad en universel lovmæssighed overhovedet er, og er kommet til den konklusion, at der må være en bagvedliggende kraft og princip til stede. At det, alt efter hvad det udtrykker sig i, ser anderledes ud, men altid er et udtryk, der må stamme fra det samme evige og altomfattende princip. Hm, hvordan den viser sig her er egentlig stadig ikke klart...

1.54) Men så opstår først det spørgsmål, om der overhovedet findes flere forskellige universelle lovmæssigheder, eller om der kun findes én, som alt efter materie og form bare er et andet udtryk for det samme, og det bare har en anden frekvens, en anden svingningsgrad, ser anderledes ud - viser sig anderledes. Således, at alt hvad vi formentlig klart kan differentiere og skelne imellem, underligger den samme lovmæssighed, blot på en anden svingningsgrad f.eks.?

1.55) Dvs. at vi erkender et dyr som et dyr, et træ som et træ, en sten som en sten og et menneske som et menneske, og vores eneste fejlagtige konklusion er at mene, dette er alt, og stammer alt fra fuldstændig forskellige ting?

1.56) Altså, hvor mange forskellige universelle lovmæssigheder findes der? Mange snakker allerede om alle de forskellige love i universet.

1.57) Hm, sig mig engang hvis der skulle være mange, kan de så alle være universelle? Det giver ingen mening. For hvis de så er forskellige, kan de da ikke samtidig være universelle...dvs. enten findes der mange, og de er alligevel ikke universelle men kun partielle, eller også findes der kun én, som så kan være universel.

1.58) Det måtte dog være universelt, fordi det ellers ikke ville kunne gælde overalt. Hm. Så ville der nogle steder være tilfældigheder og i nogle orden. Hvordan går det an? Er det så tilfældigt, hvor ordenen er eller ordnede tilfælde? Tilfældigheden passer ikke ind i nogle af disse, og ordenen er der, altså kan tilfældighed og partiel ikke være tilfældet.

1.59) Kunne der så ikke være flere ordener? Hm, så måtte de være inde i hinanden og derudover være præcis ordnede i forhold til hinanden. Stadig måtte de dog for at være universelle i sidste ende være underlagt den samme lovmæssighed, ellers falder universel alligevel bort. Tja;

1.60) Der kan altså kun være én. Wow. Ikke ligefrem mange. Det ser dog ikke umiddelbart ud til, at alt er det samme. Hvordan kan man så forklare dette?...Hm, det er selvfølgelig kun en lovmæssighed, altså en form, men kun som idé, ikke en bestemt form i sig selv. Aha, ja...

1.61) Og denne ene idé udtrykker sig så bare forskelligt i forskellige ting. Disse forskellige udtryksformer er dog blot udtryk ud fra den ene lovmæssighed trådt ud af evigheden i dette bestemte konkrete udtryk, fordi det har en bestemt frekvens. Frekvens? Aha, kunne forklare det. Og videre?

1.62) Så en anden frekvens ligger til grund for alle mulige konkrete udtryk, som giver enhver ting, form, farve, konsistens, egenskab osv., så snart det har løst sig fra det universelle lovmæssige fra det evige i det endelige som et bestemt udtryk og del heraf. Hvordan ville den så se ud? Lad os efterforske det videre:

1.63) Har evigheden en lovmæssighed? Nej, evighedens natur og væsen må være stilheden. Uden bevægelse, uden retning, uden tid og uden rum. Selvom det jo må indebære at have en tid og et rum, bare ikke i fysisk forstand, men som enhver tid og ethvert sted, potentielt overalt, til stede hele tiden.

1.64) Det må være rummet, der samtidig overalt altid er til stede, som muliggør rum, tid, bevægelse og retning, men ikke er det selv. Og alligevel må det være til stede i ethvert rum, tid, retning og bevægelse, da det ellers ikke ville være til stede overalt, til enhver tid, og ikke ville være evigheden.

1.65) Altså må evigheden være til stede i alt, til enhver tid i det skjulte, hvis det skulle ligge til grund for alt. Det endelige ville så være et udtryk og en del af det uendelige, det evige, det evige til stede i alt som grundlæggende princip. Okay...

1.66) Det må betyde, at det eneste sted, hvor ingen forfald, hvor ingen bevægelse er nødvendig eller udlevet, er i evigheden i sin potens selv.

Evigheden må være stedet for stilheden. Men ikke som i døden, men som et kim, som en potens af kimet, endnu ikke i form, altså ikke døds-stille, men lys-levende-stille...

1.67) Det må være potensen, der indeholder bevægelse i sig uden endnu at have givet slip på denne, kun som potens, tilbageholdende, ventende.

1.68) Evighedens væsen må være det potentielle liv selv. Som levende stilhed.

1.69) Og det universelle lovmæssigheds væsen må så være det udlevede liv. I og igennem levende bevægelse i rummet? Konstant bevægelse? I hvert fald ordnet.

1.70) Der må jo finde en bevægelse sted, før der er noget, der kan gentage sig. Altså må den universelle lovmæssighed ligge til grund for en bevægelse. Den underligger en retning. Eller kan en lovmæssighed være uden retning, uden bevægelse? Nej, fordi så ville ingen gentagelse være mulig, det ville være det samme, det ville være det samme. Altså, er bevægelse og gentagelse lovmæssighedens væsen, og at det overalt er ens som princip det universelles væsen.

1.71) Altså, det universelle lovmæssigheds væsen er en principiel ens gentagen bevægelse. Altså endeligheden i det uendelige? Og som vi har fundet ud af, kan ingen lovmæssighed eksistere uden en bagvedliggende evighed. Den videnskabelige evidens hertil har mine to første studier endda leveret.

1.72) Men så ville der jo heller ikke findes evigheden, men kun et lille tilfælde ud af ingenting, som ingen mening giver. Og i en verden med lovmæssigheder, som må være og er udtrykket af evigheden, må bevægelse være til stede i rummet for rent faktisk at kunne udfolde den evige potens. Rummet skabt ud af og fra det evige for at kunne give bevægelse, liv, hvor den kan udleve sig, udfolde sig. Konkret. Ikke kun potentielt. Wow. Det kunne forklare mangfoldigheden i vores verden.

1.73) Altså hvis der kun findes én universel lovmæssighed, som giver ethvert udtryk et ens aftryk, men som konstant ser anderledes ud, må vi kort tilbage til denne. Altså, en universel lovmæssighed betyder: en tilsyneladende konstant tilbagevendende ens bevægelse, som ikke er et enkelt tilfælde, dvs. tilfældig begivenhed, men som der derimod må ligge en orden bag, også når vi ikke formår at erkende denne umiddelbart, for at den tilsyneladende kan komme igen kort tid efter.

1.74) Denne bevægelse måtte så være en logisk kontinuerlig bevægelse for at kunne optræde indenfor en lovmæssighed? I princippet ja eller? Men en kontinuerlig bevægelse i kreds, da der ellers ikke ville kunne optræde nogen gentagelse.

1.75) Men da det i tiden aldrig ville kunne være den samme hændelse, når det kommer igen, altså det samme på ny/en gang til, måtte der kunne tegnes en bevægelse som kreds - gentagelse - men i spiralform ny, og dog ens udseende, som en oktav højere - eller dybere, og denne spiral måtte have en altid videre eller mindre kredsform, da det jo (vil vi kunne fastslå igennem iagttagelse) ikke præcis er ens, selvom det ved første øjekast måtte se ens ud, når det tilsyneladende gentager sig.

1.76) For der foregår nemlig også en anden bevægelse, og det er udviklingen, en forbedring, optimering, perfektionering, pensionering osv. Der foregår en bevægelse i den ene eller anden retning. Det åbner sig eller lukker sig. Kunne man sige, at denne spiral af livet - forfald hører her til livet - er den synlige bevægelse af den åbenbarede universelle lovmæssighed fra det evige i det endelige, den synlige verden?

1.77) Spiralen ville således være den fysisk be-gribe-lige form i udtrykket af den universelle lovmæssighed af evigheden...eller som en grundform? En grundbevægelse? Det ville logisk set være formen, som måtte komme til udtryk. Det ville sige, at når vi finder noget, hvor vi ikke helt kan se denne form, ser vi kun på en del af dette konkrete udtryk?...

1.78) Den åbenbarede synlige bevægelse i form fra den universelle lovmæssighed i det endelige:

Start: Så: Videre: Herefter: Endelig:

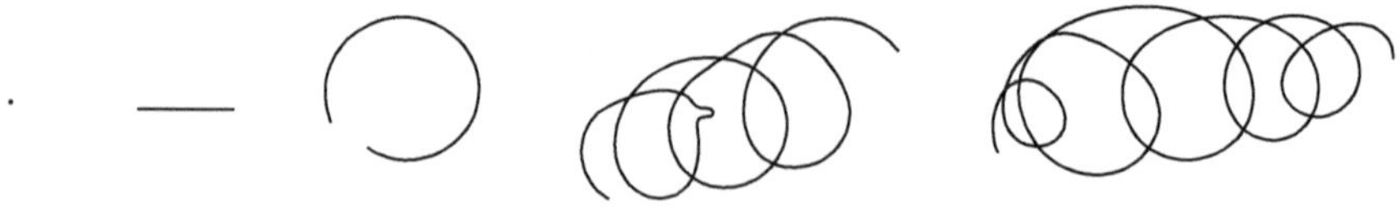

1.79) Altså en fuldendt cyklus i det synlige ville så se således ud. I alt…wow. Så kunne vi erkende om noget har nået sit fulde udtryk eller ej…

1.80) Nu, når vi tager den universelle lovmæssigheds udtryk alvorligt, hvor starter den, og hvor stopper den? Ved hvilken frekvens? Ved de for os synlige, målbare frekvenser?

1.81) Glemt at det ikke hedder partiel men derimod universel? Altså også de ikke-synlige konkrete udtryk, jo alt hvad vi kunne opleve inklusiv, med den mulighed at vi i denne korte tid jo sandsynligvis ikke kan have erfaret og undersøgt alle mulige, men kun få af de mulige erfaringer og indsigter fra og til evigheden, altså med muligheden, at denne undersøgte videnskab ikke er eller kan være afsluttet, men derimod at der stadig findes frekvenser, som vi stadig ingen tilgang har til at kunne undersøge.

1.82) Der er mange frekvenser og muligheder, hvis man skulle undersøge alle mulige, og jeg mener alle, mulige frekvenser helt til uendeligheden. Det indeholder alt, hvad vi kan se, høre, føle, tænke og opleve, og nemlig meget mere end det.

1.83) Uendeligheden er ret lang, vid. Stopper ikke med at udfolde sig bare fordi vi mener at vi har kigget om det første hjørne og ved hvordan verden og alt er. Med uendelig mange dimensioner til stadig at opdage helt ind i evigheden.

1.84) Ja okay, det er ret overrumplende og uoverkommeligt. Og hvor skal man starte? Hvordan?

1.85) Selvom ét jo derigennem bliver nemmere. Fordi vi kun behøver at gå ud fra ét princip og så herfra finde ud af, hvordan det virker forskelligt i forskellige forhold. Hm. Endnu et paradoks. Enkelt men dog komplekst…

1.86) Hvis det altså drejer sig om, at der kun er forskellige svingningsfrekvenser, må de vel adskille sig i størrelse og hurtighed? Som et eget udtryk i form? Og desto dybere svingningen, desto langsommere og tungere formen? Dette ville være en logisk konklusion. Dette må selvfølgelig følges op af videnskabelige studier.

1.87) Eller bliver bevægelsen langsommere, desto højere og nærmere vi kommer på evigheden? Hvis denne selv er stilheden? Når det bliver lettere og bevægeligere, behøver det vel også mindre bevægelse? Dette ville også være logisk. Hm, eller som øjet i en orkan…hvor er der her mest bevægelse? Tæt på øjet eller længst væk?

1.88) Dvs. vi ville og burde kunne opfatte den universelle lovmæssighed i enhver ting og på enhver frekvens. Eller?

1.89) Det betyder for os, at der igennem vore fem sanser åbenbarer sig et afsnit at frekvenserne, der er begribelige, og endda håndgribelige. Men for at forstå verden er det tilstrækkeligt, da princippet i det er det samme i enhver svingning. Altså for at kunne erkende det bagvedliggende evige princip er dette tilstrækkeligt.

1.90) Dvs. vi ville og kunne komme til samme resultat om verden ved at iagttage en plante eller en sten. Bare at stenens svingningsfrekvens ville være en meget langsommere(?), og vi måtte iagttage denne sten måske i tusind år, hvor vi igennem iagttagelse af planten ville erfare det samme på ét eller måske ti år.

1.91) Altså kan man godt tage det, hvor de os skænkede sanser mest og bedst lader os erfare princippet for at opklare livets mysterium. Og luften derimod f.eks. har en så høj og let svingning, som vi ikke nemt kan opfange og forstå igennem vores blotte iagttagelse. Hvilket jo ikke betyder, at den ikke er der, vel? Blot svært at opfange med vores fem normale sanser.

1.92) Klaveret må ja også være stemt således, at tonerne ligger i den frekvens-sektion som vores sanselige ører kan opfange, hvis tonerne ligger udenfor disse, ville vi ikke kunne høre den skønne musik. Øjeblik, har nogen sagt noget om sfæremusik? - Det er da noget vrøvl. Vi kan ikke høre det, altså kan det ikke være der…jeg troede vi var ovre sådanne konklusioner? Hører vi det måske bare ikke?

1.93) Da der findes musik med toner, som vi kan høre, og princippet overalt er ens, må være ens, betyder det vel, at det ikke blot er noget vrøvl, men derimod at vores opfattede musik med opfattede toner leverer beviset på, at der må være sfærisk musik…

1.94) Hvad er en tone igen? En bestemt svingningsfrekvens eller? Og endnu videre. Hvad er en stemmefrekvens andet end en bestemt bevægelse med en bestemt hastighed?

1.95) Det fører til spørsmålet: har enhver svingning en tone? Måske også en farve?

1.96) Positive eller negative…lige et øjeblik…jeg ville sige, er de så også forskellige svingningsformer, men, er det ikke bare to poler- som altid er to polare modsatte punkter- hvor følelser, tanker og handlinger kan bevæge sig/udtrykke sig i mellem? Som nødvendige modsatrettede poler, som er betingelserne for rummet i den fysiske verden? Som definere rummet?

1.97) Hvis princippet er ens overalt, må denne iagttagede bevægelse jo være det synlige liv eller? Lige som åndedraget f.eks.: indåndning, udånding,, indånding, udånding. Altid imellem disse to poler frem og tilbage? Hmm...

1.98) Men så, dette går jo ikke evigt, det har en bestemt tid i sin udlevede retning, forsvinger...øh forsvinder dens kraft - lad os sige for dette siger vi specifikke åndedrag - og det er nødvendigt, at vi vender tilbage til vores fulde lunge, at vi samler luften sammen igen, til det ikke går mere, og så kan starte forfra igen. Som et pendul.

1.99) Jeg må her kort omtale mit andet studie. Her har jeg jo virkelig iagttaget mit eget åndedrag. Og i konklusionen gik der noget besynderligt op for mig: jeg har indtil da troet ,at åndedraget består af indånding og udånding. Logisk ikke?

2.0) Men ved nærmere betragning af optegnelserne var det, som om at der var en lille pause imellem, ikke imellem ind- og udånding, hvad for mig ville have været umiddelbart logisk i dette tilfælde, men derimod mellem ud- og indånding. Bare en kort stund hvor der slet ikke skete noget, før den næste indånding fandt sted...ganske besynderligt. Det har jeg aldrig før iagttaget.

2.1) Hvis man tager dette seriøst, betyder dette, at åndedraget så at sige ikke er todelt, men tredelt: Indånding. Udånding. Stilhed. Indånding. Udånding. Stilhed. Undskyld hvad? Hvad sker der der i det stille punkt? Hvad er det?...Giver livet sig et åndehul?

2.2) Man kunne også spørge: Hvad sker der i søvnen? Hvad sker der i døden? Hvad sker der om vinteren i naturen? Giver livet sig et åndehul?... forbereder det sig til endnu en cyklus?

2.3) Man kan nemt mene, at livet består af indånding og udånding alene, hvis man ikke kigger nærmere. Og så forpasser man dette stille punkt, dette øjeblik der ligger til grund for al skabelse som potens, hvor livet selv giver livet liv, og livet er uforklarligt, et vidunder. Det er min konklusion heraf. I dette øjeblik trænger livet ind.

2.4) Øjeblik, det måtte så være muligt at finde og iagttage dette stille punkt før opvågning, før daggry, før et livs begyndelse og før foråret... det er dog et lyspunkt.

2.5) Ligemeget hvor præcis man betragter udåndingen og indåndingen af livet, bliver livet i dette tilfælde alene ikke logisk muligt at forklare, da dette punkt, det alt-til-grundliggende ligesom forbliver i det skjulte og forbliver ligesom "The Missing Link", "The Missing Core".

2.6) Kunne det forholde sig sådan? Trænger livet i livet ind her?

2.7) Det ville betyde, at alt er levende, og alt hvad der er udlevet til stede eller ved at opstå eller ved at forgå, ville være underlagt bevægelse. Dog i en vis ordnet bevægelse, som følger en viderеløbende udviklingsstrøm. Blot ikke altid for os som synlig videreløbende. For os ser det ofte nærmere ud som et frem og tilbage. Dette afhænger tilsyneladende af perspektivet?...

2.8) Livet er sågar denne bevægelse, dette udtryk, denne ene svingning, ene frekvens.

2.9) Hvis det er således, betyder det, at verden består af lutter forskellige frekvenser, svingningsgrader, og evigheden - af det som alt skabt er opstået ud af - er kraften som lader os ånde, får jorden til at dreje, det som lader solen skinne - ja at evigheden indeholder alle frekvenser, svingningsgrader i sig. Til enhver tid, overalt, potentielt, klar.

2.10) "Vores" opståede jord, solen som varmer os, hjernen der lader os tænke, og hjertet der driver os til kærlige gerninger er et par få udlevede udtryk, et par få af de frekvenser af alle (uendeligt) mange potentielle muligheder.

2.11) Vi må så for at undersøge livet og alle dets udtryk/aspekter også tage denne umiddelbare usynlige faktor med i betragtning, for at nå til et fuldendt billede. Men hvordan er det da muligt? Videnskabeligt? Dertil kommer vi i kap. 11.

2.12) Svaret på the missing link er i øvrigt således også forklarligt. Logisk muligt at forklare. Det ligger i det skjulte, lige som den mørke side af månen. Blot ikke umiddelbart synlig for os.

2.13) Men lad os først lige søge efter en mening, efter at det potentielt er gået op for os, hvordan denne enestående universelle lovmæssighed kunne vise sig som sin grundform:

Kapitel 6

Spørgsmålet om Meningen

1) Altså, livet udspringer af den åndelige - ikke fysiske - altomfattende altid tilstedeværende Evighed og manifesterer sig i det endelige, i første omgang ubevidste lovmæssigheder og livet - os inklusiv- kan "opstå", og "forgå" og udtrykke sig og udfolde sig, for at...ja for at hvad for i himlens navn? Det må være stort, hvorfor skulle det ellers gentage sig så meget? Og tilføre sig selv smerte?

2) For at udleve Evigheden og alt hvad dette er og kan være og blive til? Alligevel kan man stadig spørge sig selv: er blomsten der også, når ingen ser den? Nå ja, det kan da være at den er der, men det spiller vel ingen rolle, altså hvad vil Evigheden hvis den kun er potentielt udlevet?

3) Okay Evigheden i sig selv vil vel ikke noget, den er der bare, som potens, som kim, men det giver vel kun mening at udfolde sit eget potentiale i det øjeblik, hvor det er muligt for nogen at se og beundre hele blomsten i frøet? Det må være sådan, at det potentielle liv, hvorigennem den evige ånd er mulig, først bliver vækket til live, når det bliver levet? Eller? Er det kun potentielt i live indtil da? Nej, vent levende må det være hele tiden, bare kun potentiel til stede. Vil Evigheden så gerne være evig men faktuel? Hvordan det?

4) Lige som en fugl, som ikke flyver, kun potentielt er en fugl, men ikke kan udleve dens bestemmelse, begavelse og potentiale, og endda ville dø, hvis den var tvunget til at være en fisk. Dvs. en fugl vil gerne være en fugl - udfolde dens fulde potentiale, flyve højt, flyve langt, fordi den er en fugl. Dvs. bevidstheden vil gerne være bevidst, det ville efter dens natur være dens bestemmelse, den vil ikke gerne være ubevidst. Endda potentiel. Osv. Hm...

5) Betyder det, at alt vil være og blive til, hvad det er? Men rent faktuelt? Ikke kun potentielt?: Altså en følelse vil blive følt, en fugl vil gerne flyve, den potentielle bevidsthed vil gerne være bevidst. Men en fugl, som

kun flyver potentielt, flyver ikke, en væren som kun er potentiel, er ikke en tilstedeværelse. Evigheden vil gerne faktuel være evig, ikke blot potentiel? For at nå fra potens til virkeliggørelse behøves der en udvikling, en ikke kun potentiel udfoldelse. En retning i form. Vores verden synes at være ramt af dette...

6) Hvorfor? Altså for at blive hvad det er: Livet, udlevet, ikke kun levende, ikke kun som kim? Igennem tilværelsen? Om det er nok til at retfærdiggøre smerten, og hvordan dette går, må vi se:

7) Det er dog ikke muligt for Evigheden at foretage dette med noget, der står udenfor det selv - dette går dog ikke, da det allerede er alt...det lader til at være blevet min hobby at opspore paradokser...puh, bliver det ikke på et tidspunkt lettere? Lad os prøve:

8)...Altså går det kun tilsyneladende...hvordan da?...Hvorigennem?...Os? Hvad mener du med at vi er blevet fuppet? Uforskammet og skamløst er det. Udnyttet.

9) Smart fuppet, hvad? Det er dog rimelig gennemtænkt, hvordan vi er blevet narret. At lade os tro at vi er adskilt fra alt. Lad os håbe, at der foreligger en meget god grund til dette, ellers kunne vi vel med rette blive ret fornærmet og sure over det.

10) Alt er altså allerede klar hvert øjeblik overalt - til at blive skabt igennem verden, at komme til udtryk, og igennem os at blive gjort bevidst, i stedet for "kun" at være potentiel til stede som et frø? Dets eget inderste væsen og kerne ventende, for at blive udlevet og skabt, for at blive udfoldet? Igennem os? Som et blomsterfrø er evigheden så, det indeholder allerede alt, hvad det behøver for sin udfoldelse...

11) Dog er blomsten kun potentiel en blomst, indtil den bliver plantet i jorden, sol og regn kan blive tilføjet - først da kan den faktisk blomstre i alt dens pragt. Og den kære Evighed er så først faktuel evig, når hun er udlevet og indtil da så potentiel? Det faktiske liv ville således være blomsterpragten af evigheden? Og vi hjælper hende med at opnå dette? Hm... dette ville da være en stor ære...i det tilfælde at vi lykkedes...

12) Jeg har stadig sådan en mærkelig uforklarlig følelse af, at vi mennesker endnu ikke har nået vores udtryk, vores blomsterpragt har vi stadig ikke kunnet udfolde, vi sidder stadig fast i udfoldelsen af blade og stilk.

13) ***Men dvs. at der ikke sker noget eller ikke kan ske noget, hvor ånden ikke er bag og i den levende orden. Indtil vi selv er i stand til at erkende alt klart, hvorfor og hvorledes tingene i livet - personligt såvel som i verden - er som de er, kan vi så være sikre på, at vi bliver holdt af ånden. Alt har en mening, endda smerten. Og selv smerten som vi ikke selv forstår. Den kan ikke være meningsløs. Fordi den må udgå fra denne levende ordnende Evighed.***

14) Vi behøver derfor ikke at have nogen angst for livet eller for døden. Ikke for livet fordi det er en utrolig gave, og evig, og ikke for døden, fordi den ikke eksisterer. Det nærmeste vi kommer på noget, vi kan sammenligne med døden, ville så være hvis vi sidder fast i vores udvikling eller bliver holdt tilbage fra denne? Opstår smerte herigennem? Så, hvad er det værste der kan ske os? "Dø"?

15) Men da det fysiske liv er underlagt lovmæssigheden af bevægelse igennem energi, er denne fastlåsen kun mulig for en tid. Dette gælder også for kriser. Livet er en ekspert, når det kommer til at finde en vej. Kig blot på en flod. Jeg er personlig meget taknemmelig for dette. Det tog mig personligt en følt evighed, før jeg kunne nedskrive dette. Egentlig kun tre måneder, men disse var tre følte evigheder hvor jeg følte at jeg var død.

16) Da jeg endelig fandt overskud og tid til det, flød dette - disse sider indtil nu - ud af mig på én dag. Selvfølgelig lå stadigvæk meget til at redigere og efterprøve, men skelettet af det, hvad jeg her ville sige, forelå. Arlesheim, Basel, Schweiz, Den 02. Nov. 2017. *Iben.*

17) Religionen kalder dette altomfattende ikke gribbare overalt til stede i alt, hvad der er, og helt ind i uendeligheden, for Gud. De spirituelle kalder det Ånd. Jeg betegner det som bevidsthed, som potens. Værens kim. Kraften og princippet af den evig levendes mulighed. Potens. Kim. Evighed. Uendelighed. Altomfattende princip. Idé. Potentiel energi. Altomfattende betingelsesløs kærlighed. Kærlighed? Jeg ved det. Så vidt kommer vi ikke her. Det må du såmænd videre hen tro på eller lade være. Eller lade dig overbevise om i kirken.

18) Prøv nu engang at gå til en gudstjeneste og hør engang, hvad præsten siger. Det giver nu pludselig mening og er ikke noget langt væk abstrakt, som det i hvert fald var for mig før. Så dette er ikke imod religionen.

Tværtimod. Det bekræfter, hvad de påstår og opfordrer os til at tro på. Kun er det ikke længere nødvendigt kun at håbe eller tro på dette, når man ved, hvordan tingene forholder sig.

19) Fuld af energi og handletrang er livet. Det spirer frem overalt, hvor det bliver ladt i ro, det overtager huse, hvis det kan, lever under sten. Det er utroligt. Kraftfuldt.

20) Den synlige død lader os atter træde ind i det evige rum, hvor vi ikke længere er adskilt, men åbenlyst er ét med dette, dvs. vi er del af dette. Bevidst eller ej. Igennem smerte adskiller vi os atter fra det skønne, gode og evige, for at optræde igennem energien og dennes bevægelse i det endelige for at føde og vække bevidstheden fra den evige væren, igennem de smertelige erfaringer fra det tilsyneladende endelige til bevidsthed. For at udleve og lade den potentielle tilværelse og bevidste væren igennem levet væren opstå. Kan det være dette? Er det nok til at retfærdiggøre smerten? Men indtil vi selv er i stand til at erkende, hvordan denne lovmæssighed fungerer eller ej, kan vi være sikre på, at alt har en grund, selv smerten. Smerten har en mening, den kan ikke være meningsløs.

21) Det bringer tillid ind i livet og afløser alt angst. Angst for livet og, angst for døden. Og det kan, også hvis ikke tage smerten væk, dog faktisk gøre smerten udholdelig i første omgang.

22) Der forbliver altså stadigvæk spørgsmålet: hvortil alt den smerte hvis den ikke kan være meningsløs, fordi den udgår fra den ordnede levende Ånd? Min tese lyder:

23) Når vi går imod livets lovmæssighed og dens udvikling, opstår smerte, og når vi mangler erkendelsen af, hvorfor noget sker for os, synes den uretfærdig og uforståelig, meningsløs.

24) Jeg stiller således ikke-synlig smerte lig med ubevidst, groft sagt. Der fandtes endda engang ordsproget: “Hvem der ikke vil høre, må føle”. Dette kunne endda tangere den universelle lovmæssighed.

25) For en lovmæssighed er det, lige meget om vi tror på den eller ej, eller om vi retter os efter den eller ej, den virker alt afhængig af, hvordan vi handler efter dens lovmæssighed, tilbage på os. Og jeg har den fornem-

melse, at al smerten i vores lille menneskelige eksistens kunne komme derfra, når vi - lige meget om bevidst eller ubevidst - går imod den.

26) Lige som hvis vi ikke ville være bevidst om lovmæssigheden i gravitation f.eks. og vi konstant ville forholde os, som om den ikke var der, og indsatte al vores kraft for at ignorere den. Vi ville sandsynligvis smertefuldt konstant falde.

27) Men dvs. at det kunne være en rettesnor, hvis vi ville finde ud af, hvordan denne universelle lovmæssighed ser ud eller virker i forskellige ting og forhold. Og også meget meningsfuldt at lære denne ordentligt at kende. Det kunne sikkert spare os for mange smerter.

28) Kan det f.eks. være, at når der sker noget for os, som vi synes er uretfærdigt, uforståeligt, at det bare behøver et større perspektiv for at blive forstået? Jo jeg snakker også om fysiske smerter. Enhver form for smerter. Meningen ved smerterne ved en fødsel f.eks. kender vi, altså kan vi bedre udholde disse, fordi vi forstår dem. Jeg snakker her om al den smerte, som kommer os i møde og i første omgang ikke er forståelig, logisk eller synes meningsfuld. En mening altså, tager ikke smerten væk i første omgang, men gør den tålelig.

29) Hvad lader os da så føle smerte? Er smerte drivkraften til at blive bevidst? Ruske os vågne? Den følte og tilsyneladende adskilt-hed, fra den uendelige evige helhed gør i hvert fald ondt. Følelsen af at være alene, ladt alene, forladt kan i hvert fald i første omgang fører til ensomhed og ikke enhed. Vil smerten af ensomhed henvise os til at vi kun er tilsyneladende alene? Kan det være, at vi forholder os som blinde mennesker, som render rundt og undrer sig over, at de konstant render imod mure og falder ned i huller?

30) Hvis vi hjælper evigheden med at blive evig igennem os og ja måske igennem smerten, er dette i hvert fald ikke kun smertefuldt, som en fødsel, men også en stor opgave og ære, ville jeg nok sige. Og meget meningsfuldt endda.

31) Opstår den altså, når vi ubevidst går imod denne orden og udvikling? Det er i hvert fald smertefuldt...som at løbe ind i en mur. Viser smerten os, at vi er på afveje? Forsøger den derigennem at styre os i den "rigtige" retning? Er smerte vores vejviser på vores vej, indtil vi er så bevidste, at vi selv kan se og erkende, hvorhen vi skal gå?

32) I det tilfælde ville smerte så stoppe, når vi spørger os, hvorhen og hvordan vi skal gå i livet og også faktisk lykkes med det? Er smerte sågar en læremester for os? Hvad vil han i det tilfælde sige os? Lære os? Er han en del af udviklingen? Endda nødvendig for udviklingen? For mig lyder det nærmere som indvikling.

33) Men består evolutionen ikke også af to retninger? Hm, først indviklingen - ind i den fysiske dels smertefulde materie og først da udviklingen ud af den smertefulde fysiske materie...hvorfor? Fordi det er sådan og der, at bevidsthed opstår? Endda selvbevidsthed?...Er smerter fødselssmerterne for det faktiske liv for bevidstheden? De individuelle smerter som fødselssmerter for selvbevidstheden?...oh Krist, vi hænger måske alle smertefuldt på korset...

34) Men kan det være, at vi ikke bare er uskyldige ofre for smerten, men før velvilligt har sagt ja til dette og således "ofret" os for at bringe udviklingen fremad? Og alle de erfaringer vi gennemlever, skønne som smertefulde, bringer os nærmere denne erkendelse?

35) Endda erfaringen at "dø" er i det tilfælde en erfaret erfaring, som vi så har for vores videre udvikling. Før vi bliver født igen? Dvs. at ingen smerte så ville være for ingenting. Også når vi ikke erkender eller kan se dette i øjeblikket.

36) Dvs. at vi, indtil vi har fundet ud af, hvordan alt hænger sammen, kan være sikre på, at alt, også smerten, har en mening. Også når vi ikke lige selv er i stand til at erkende denne. Dette gælder enhver personlig ligesom hele verden. Det tager som sagt ingen smerte væk, men denne viden gør faktisk smerten lettere at bære.

37) Derudover er vi ikke blot ofre og afmægtige over for smerten, for denne viden er et værktøj. Vi kan så nemlig spørge os selv: hvad vil denne smerte fortælle mig? Hvad er det, jeg stadig har at lære? Hvad vil også være bevidst? Måske kan vi endda således spare os selv og hinanden for megen smerte?

38) Har vi lige hentet smertens væsen ind i lyset?...

39) Hvad lader os da tilføje hinanden smerte? Troen at vi er adskilt, vi hører ikke sammen, vi er anderledes end de andre? Har mere ret, er bedre, større, rigere, hurtigere, ikke forbundet med hinanden, ikke ansvarlig for hinanden, vi er de eneste, der har ret, altså har de andre uret, når de

mener, tror, føler, hører, ser noget andet, lever anderledes, for vi er alene centrum af universet. Ubevidst og ikke i stand til at se helheden. Den følte faktiske enhed - bare forstået forkert?

40) Eller vi forveksler måske den følte evighed i os med den følte evighed udtrykt i den endelige verden. Fordi vi - logisk nok - længes efter denne stabilitet...det ville være forståeligt, kan dog kun føre ind i mere smerte, da vi ikke kan finde denne stabiltet her, fordi den ingen stabilitet indeholder som lovmæssighed.

41) Hvis det var således, ville smerte ikke være vores fjende, som vi har at frygte, men kunne sågar blive vores ven, når vi går gennem livet, idet det giver os et hint, når vi kommer på afveje. Så kan vi spørge os selv: hvad vil denne smerte sige mig? Meddele mig? Hvad har jeg overset? Ikke forstået? Hvad vil den lære mig? Sådan kan han blive den største læremester i livet, hvis vi tør lytte til ham.

42) For at kunne dette må vi nødvendigvis faktisk lykkes med ikke at blive én med den. Men dette er kun tilsyneladende mulig...uha jeg har lige sådan en Deja vue-følelse...?

43)...Dette er muligt, hvis vi forestiller os, at vi tager et skridt tilbage og starter med at iagttage smerten ligesom udefra. Så kan vi beskrive for os selv, hvordan den præcis føles, hvor den sidder osv. Så tager vi den alvorlig, vi mærker den, dog uden at gå helt i opløsning i den og uden at fortabe os i den eller at reagere på den udadtil. Ved vrede f.eks.

44) Når dette lykkes for os, kan vi spørge os selv, hvad den vel forsøger at meddele os, forsøger at lære os. Det kan f.eks. være, at vi skal lære at omgås et tab eller eller eller. Hvis vi først har fundet tilliden, at den har en mening, er spørgsmålet nemlig blot hvilken.

45) Vi kan jo starte med at øve os ved de nemme ting. Således er det nemt at erkende de mavesmerter, som vi kender og kan identificere og afdække som sult. Aha, kroppen har brug for næring. Dvs. vi kan ikke blot lære at forstå smerten, vi ved efterfølgende også endda, hvad vi skal gøre, for at smerten får en ende. Vi lærer.

46) Hvis vi ikke kunne udrede denne mavesmerte som sult, ville den i første omgang blot tiltage - så at sige blive højere - og hvis vi videre hen stadig ikke lykkes med at afdække og forstå den, og gør vi ikke noget ved det og giver den næring, eller kan vi ikke efterkomme det, ville dette for os end-

da betyde døden. Fysisk. Forestil dig at det også ville forholde sig med andre ting i livet på denne måde. Vi kunne f.eks. udvide det til hele verden...

47)...Hmm, kunne dette udvide sig til at omfatte og forstå lovmæssigheden af karma og skæbne således, at når man har erkendt lovmæssigheden i gentagelsen af liv, ikke kun erkender og kommer til den konklusion af nødvendigheden af genfødsel, men også netop derigennem kommer til konklusionen om lovmæssigheden af den menneskelige handlen og livets lovmæssige gentagelse, altså, karma og skæbne?

48) Nogle, som har erkendt, at der findes reinkarnation men stadig ikke karma og skæbne, er så af den mening: kriser er godt. Og: sker der dig noget slemt, er det bare din egen skyld. For det første er kriser, hvad de er: kriser. Det er kun overvundne kriser som har en værdi. Og ofte kan vi ikke selv hente os ud af en krise. For det andet kan noget, der hænder os, lige så godt komme ud af fremtiden som ud af fortiden. Det er bedst at lade være med at dømme om noget, vi ikke kan vide noget om.

49) Og når man er sig så bevidst, at man har erkendt, at det man gør imod andre, så at sige gør imod sig selv, holder det unødvendige tilsyneladende onde op af sig selv. Vi slår os sikkert nok en tid alligevel videre i hovedet af vane, men på et eller andet tidspunkt har vi nok af smerterne, og da vi i dette stadium er bevidste om, at vi selv forårsager det, så ligger det også i vores hænder at stoppe det. Idet vi bare stopper med at dømme os selv og andre. Og undgår mennesker og situationer, som ikke respekterer os og ikke fordrer os i vores potentiale. Klart og roligt sætter egne grænser. Men overfor andre frigivende. Det er nemt, dog ikke let.

50) Enhver ond tanke eller handling leder opmærksomheden hen på, at vi har mistet os selv eller glemt os selv. Det ville ikke være vores "sande ansigt", som her kommer til syne. Tværtimod. Enhver følt smerte ville henvise til, at vi stadig havde et ubevidst felt at afdække. Enhver smerte, som vi tilfører andre, ville henvise til, at vi er på afveje, vi følger ikke vores bestemmelse...det giver totalt mening...hvor er jeg lettet.

51) Der hvor vi umiddelbart oplever glæde er, hvor vi samles, fordi vi mærker denne samhørighed, mærker denne alt-hænger-sammen følelse.

52) Al sand kunst lader evigheden i det universelle lovmæssigheds udtryk skinne igennem. Det lykkes for den at dette, som vedgår os alle kan

skinne igennem en bestemt form - den fra kunstneren - og antage et udtryk, som berører os alle, fordi vi kan mærke vores dybe rødder deri.

53) Kun udtrykket er personligt, dog ikke det væsentlige, den udtrykte evighed igennem lovmæssigheden. Kunstnere som: Michelangelo, Mozart, Shakespeare, Schiller, M.C. Escher, Otto Frello og Gaudi har derfor skabt så geniale og tidsløse kunstværker.

54) Og vi bliver derudover berørt af kunst - dette kan også være en film - når vi genkender noget, af det som vi selv har oplevet, selv er gået igennem, og det spejler sig heri. Selvom The Matrix og Starwars og også Avatar også hører under tidløse kunstværker.

55) Hvor finder vi den så? Den kære Evighed? Ja ja, forstået. Overalt, til enhver tid, men hvor og hvordan erkender vi og mærker vi dette bedst her? Det føles i hvert fald ikke særlig logisk og meningsfuldt og kærligt, når vi befinder os i midten af et skænderi f.eks.

56) Det er fordi, vi i sådanne øjeblikke er længst væk fra dens kerne, hvad den er som væsen: den er enkel, stille og uden dom eller meninger, fordi den er selve tilværelsen og ikke delt fra denne eller spaltet i denne. Vi adskiller os fra alt, når vi har en bestemt mening eller endda skændes. Derfor er det anstrengende at være sur, selvom det er nemmere end ikke at være sur. Livet er nemt, dog ikke let at leve.

57) Følelsen af at være hel er nu ikke kun at finde i vores omverden og i andre mennesker, den finder vi stærkest og renest i os selv. Fordi vi bærer denne helhed af evigheden i os. Vi skal bare lære at lytte til den.

58) Når vi bliver stille, nærmer vi os evighedens væsen og mærker den stærkest. Og altså ikke i de ydre ting, men i og igennem vores egne hjerter. Det lykkes for vores logiske tænkning at fatte og forstå den, dog behøver det vores hjerte for at mærke den. Og ja, herom er der allerede skrevet meget. Dette behøver jeg ikke også at gøre vel?

59) Men når det lykkedes os at mærke den i os, ved vi, at vi ikke er forladt og alene, og ensomhed forsvinder. Så er vi bare os selv, når vi er alene, og ikke ensomme. Så, ensomhed opstår, når og fordi vi endda har mistet os selv. Så:

60) Smerten er vores læremester i livet. Det er dens mening og dens væsen.

61) De videnskabelige beviser hertil foreligger kun for så vidt, at alt har en mening, dog endnu ikke hvilken, så indtil da må vi tage vores logiske tænkning og iagttagelseevne og selv prøve det efter.

62) Så, vi skulle naturligvis ikke blot tage alt og smide overbord og alle svæve lalleglade leende rundt ligegyldig hvilken tilstand tingene omkring os forholder sig i. Så ville vi holde vores fysiske verden og dens realitet for ingenting. Vi befinder os spaltet her og må forholde os til det. Og bare sige Ja og Amen til alt, er hverken logisk eller kærligt, altså ikke meningsfuldt.

63) Vi kan ikke bare springe denne kendsgerning over, skal vi heller ikke. Derimod kan det blot vise os, hvilken retning vi kan stræbe imod, hvis vi igen vil være hele og i sandhed være opfyldt. En mening indeholder logik og kærlighed i det tilfælde? Aha.

64) Intet af det, jeg her har fundet frem til, støder hverken imod videnskaben, religionen eller det spirituelle, tværtimod, det forener disse stadig tilsyneladende modsatrettede og forskellige områder og forklarer dem. Opklarer dem. Bringer dem sammen, selvom de i og for sig synes uforenelige. Dette er bare kun tilsyneladende tilfældet.

65) Så, vi er her, har påtaget os? denne store opgave for at hjælpe evigheden fra potens til virkeliggørelse? Trods smerter? Ja. Udvikle den potentielle bevidsthed til faktuel bevidsthed? Ja.

66) Wow. Jorden har vel allerede hjulpet evigheden med at virkeliggøre den fysiske tilværelse? Planterne og dyrene hjulpet livet med at virkeliggøre og udvikle mangfoldige former? Og vi kan gøre os alt dette bevidst? Hjælpe evigheden til bevidsthed?

67) Det er i hvert fald min konklusion og erkendelse. Og, sådan set utrolig storslået, meningsfuldt og…al smerten værd. Ligesom ved en fødsel. Jeg takker af hjertet universet og den kære evighed. Nu kan vi i sandhed gå ud at fejre.

68) Hermed er skelettet af broen bygget. Broen fra det fysiske til det åndelige. Og mine studier tilføjer den videnskabelige grundsten. Om vi kalder dette evighed eller noget andet, er ikke det væsentlige, men derimod, at denne ånd - ikke fysisk - overalt, til enhver tid, logisk, levende, ordentlig,

faktisk - og potentiel - er der, og vi har erkendt dette og dens vilje, dens mening og væsen.

69) Og, vi har kunnet finde et svar på det sidste spørgsmål... Gudskelov.

Kapitel 7

Blomsten

1) Hvad er så meningen med en blomst? Hvad har den vundet i sin strålende skønhed, hvis den bare kort efter så forgår? Hvis menneskene ville være en blomst, ville de forsøge at stråle længere og skønnere, end blomsten gør naturligt.

2) Dog ville denne strålen indgå med en sitren, af angst for den forestående tilsyneladende slutning, den personlige verdensundergang. Men blomsten sitrer ikke, den står bare stoisk der og tager imod dens skæbne med fuldstændig sjælero og fred, når dens tid er kommet.

3) Først når vi har erkendt, at blomsten ikke er bange, fordi der ingen grund er til angst, fordi alt er godt og sådan, som det skal være og ovenikøbet fantastisk, og at vi behøver at have lige så lidt angst for forandring og endda den tilsyneladende død, fordi alt er godt og sådan som det skal være og dertil fantastisk, kan vi starte i vores menneskeværen i sandhed at blomstre, at stråle og leve i fred, først med os selv, og så med hele verden.

4) Erkendelsen at der ingen død findes, men derimod kun det evige liv, og det er i alt til enhver tid til stede, kun her udtrykt forskelligt, kan først give os fred, og kan i sandhed hjælpe os til ikke at sitre og ikke at rende efter et formålsløst mål, som kun kan formidle os smerte og meningsløshed, fordi vi heri ikke kan finde den mening, vi forsøger at finde, da det heri, sådan som vi har udmalet os dette, ikke eksisterer.

5) Det betyder ikke, at der ikke findes en mening, det betyder kun, at vi leder det forkerte sted. Nærmere sagt sålænge vi leder efter det et sted, leder vi på den forkerte plads. Tricky jeg ved det.

6) Før vi dog forstår/fatter og erkender dette, vil livet forekomme som en indelåst hemmelighed. Ubegribelig. Uhåndgribelig. Nøglen hertil er dog den logiske tænkning.

7) Men tilbage til blomsten. Vi kan jo som det første se og spørge os om, hvad der bliver tilbage af blomsten, når den er forgået. Ja vel intet eller, kun en smule støv og aske, et par sandkorn jord…hm, hvad jo i og for sig

nærmere betragtet ikke er meget men alligevel ikke er ingenting. Okay, en smule jord altså. Super, og nu?

8) Men vent et øjeblik, det bliver til jord som jord under vores fødder? Vil det sige, at hele jorden er og består af og lever videre fra og ud af livet, som var her engang? Sæ´fø´li´. At arkæologer skal grave for at finde fortidig viden kunne muligvis understøtte dette. Og, det ville være logisk.

9) Og vil det så sige, at træer, blomster, sågar dyr og mennesker efter deres "død" fysisk danner grundlaget for den videre udvikling og beståen af jorden?

10) Dvs. kigget nærmere på bliver disse skønne blomster ikke engang - i første omgang - fysisk intet. Wow, det havde jeg ikke selv lige regnet med.

11) Dvs. vi kan ikke kun takke vores forfædre, at vi her fysisk kan vandre rundt på jorden, men derigennem at de og deres omgivelser på et eller andet tidspunkt er "døde", i det mindste fysisk og tilsyneladende, har de bygget grundlaget til - viljemæssigt bevidst eller ubevidst - at vi kan og på hvad vi kan - vandre rundt her og handle.

12) Historisk set er vores forfædre ikke kun historisk set vores forfædre men også geografisk vores nuværende grundlag og ståsted. Lige som den forgangne natur. Wow. Takker.

13) Er jorden så død? I første øjekast ja. I første øjeblik er den stille, urokkelig, uforanderlig, altså død.

14) Nærmere betragtet er hele jorden, som vi ved det i dag og kan se i konstant bevægelse. Vi ved jo i dag sågar, at jordens kerne intet stabilt indeholder men derimod består af pure ild og lava.

15) Og endda om de mest stabile dele af jorden, jordpladerne og stenene, bjergene, ved vi igennem erfaring og igennem videnskaben i dag, at disse ikke står stille, også selvom det synes sådan ved første blik, men derimod er i konstant bevægelse. Og indeholder mere luft og rum end faste bestanddele.

16) Sågar er stenene og sandkornene i konstant forvandling. Vel at mærke i et andet tempo, men det spiller principielt ingen rolle. Sågar det fysiske forgangne af rosen er ikke død, er ikke blevet til ingenting.

17) Det har vel at mærke antaget en anden form, farve og betydning, men også selvom det tilsyneladende er koldt og gråt og uden betydning, hvad ville en blomst gøre uden jord? Nemlig, den ville slet ikke kunne blomstre. Den ville nærmere sagt slet ingenting kunne gøre.

18) Altså, dens blomstren er jo smuk, og dog opfylder den måske en endda nok større og mere betydningsfuld opgave efter dens blomstring end imens? Bare ikke direkte synlig.

19) Og hvad bliver der så af det vandrende sandkorn selv?

20) Først giver det igennem sin eksistens andre blomster, endda mennesker et eksistensgrundlag. Og efter lang og mangfoldig forvandling? - en krystal under jorden måske? Eller det forbrænder i jordens indre og bliver forvandlet til varme. Hvad er en krystal? Hvad er varme?

21) Jeg ville mene energi. Varmen er åbenlys, men endda af en krystal kan der udvindes energi, også hvis ikke umiddelbart. Vi ved og behersker jo allerede mange forskellige former for energiforvandling ud af jorden: Kul og olie for bare at nævne et par. Vent, krystal er jo presset kul. Ha. Morsomt.

22) Dvs. at blomsten, som har blomstret så smukt, er fortid, er blevet til jord, er blevet til lad os sige ild, er blevet til varme, er blevet til energi. Men dvs. at blomsten, som den engang var, ikke er død men derimod igennem en forvandlingsproces, igennem en metamorfose blevet til pure energi. Efter den vel at mærke først har givet andre blomster et eksistensgrundlag.

23) Men hvor går denne energi så hen? Og så må energi så være levende? Eller i det mindste indeholde liv. Ja, det kan jo ikke være dødt. Hm. Hvis det ikke skal opløse sig i ingenting, må det jo være eller gå et eller andet sted hen på en eller anden måde eller? Svævende i det frie rum? I det fysiske rum? Udenfor det fysiske rum? Udenfor det fysiske rum må så være...potentiel, hvis ikke ingenting? Udenfor tid...så i evigheden? Eller? Hm. Det må i det mindste være potentiel og levende, hvis ikke død og i ingenting.

24) Lad os engang gå videre og kigge, om noget andet fra blomsten består end sandkornene:

25) Vi må jo have erindringen om blomsten, for ellers kunne denne tankeprocess vel ikke finde sted? Eller den ville i det mindste være totalt nonsens. Og når jeg kigger nærmere på min tænkning, har jeg ikke engang en bestemt blomst til stede i hovedet.

26) Altså først har vi erindringen om en blomst, fordi vi engang har set en blomst, rørt en blomst, lugtet en blomst. Vi har erfaret den erfarne kendsgerning - blomsten -, og da vi i vores bevidsthed har opbygget en

erindring om denne, er det en ligeså kendsgerning, at der er et aftryk til stede i os.

27) Altså blomsten, som har blomstret, findes allerede ikke mere, også selvom andre ens udseende blomster blomstrer for tiden, det er ikke den samme blomst, som blomstrede dengang. Men kendsgerningen, at den har blomstret, forbliver også bestående.

28) Og at vi har et billede af den - også selvom det måske er lidt mindre præcist end selve blomsten, er også en kendsgerning. Som sagt, ville dette skriveri af tanker ellers være total nonsens.

29) Er en kendsgerning ingenting? Er et aftryk i bevidstheden ingenting? Er erindringen om blomsten ingenting? Sværere at gribe end selve blomsten ja, men ingenting? Hvis det ville være ingenting, ville det vel ikke være der vel? Hvor befinder det sig så? Hvor går det hen? Kendsgerningen er der vel bare, på en eller anden måde, om vi husker den eller ej, ikke? I det store hukommelseskort af de udlevede kendsgerninger i universet? Det lyder nu ellers til at være ret fantasifuldt. Fantastiskt. Eller som evigheden? ...

30) Erindringen går over i vores bevidsthed, i vores erindring. Ikke altid fuldstændig eller præcis men som tanker, følelser...sig mig engang opbygger vores bevidsthed sig først igennem den faktiske erfaring af blomsten? Og når en bevidst-hed er om noget, er dette vel lige så meget en kendsgerning som selve blomsten, og forbliver så også bestående i en eller anden form, endda hvis vi skulle have glemt dette? Bare ubevidst så?

31) I sidste ende, eller indtil videre er der altså en hel mængde af den blomstrende blomst tilbage efter dens afblomstring. Kan man da overhovedet snakke om død? Total forvandling, ja, metamorfose, ja, fra vores øjne i første omgang synlig forsvundet, ja, men ikke opløst i ingenting. Den lever videre: fysisk - metamorforiseret, tankeligt - rent faktisk...Wow.

32) Erindringen om at den har lugtet godt eller har set smuk ud, er virkelig meget dejlig, men væsentlig for blomsten selv er vel den kendsgerning - der efterfølgende består - må forblive bestående - evig? - at den har blomstret da den blomstrede? Og væsentlig for den videre gang for jorden. Er det også væsentligt, hvordan den har blomstret, da den blomstrede?

33) Altså må vi hermed fastslå, at blomsten ikke bare har lidt en tragisk skæbne i stilstand og opløsning i ingenting, forgår for ingenting, efter

dens korte opblomstring. Det er dog på en vis måde beroligende, smukt og meningsfuldt. Nu kan jeg bedre forstå dens stoiske ro.

34) Hvor kommer blomsten så fra? Hvordan opstår den? Ud af ingenting?

35) Vi har, næh, jeg har sagt at ingenting kan opstå ud af ingenting. Er dette virkelig således? Ud af hvad, hvorfra, stammer den smukke blomst?

36) Lad os forfølge det tilbage til, fra hvad vi ved. Hvis altså det, som vi tror er os erfaret og ikke blot er illusion og vrøvl. Altså blomstrer blomsten. Vi ser den med vores øjne, vi lugter den med vores næse, vi kan føle den med vores hænder, plukke den, og så videre.

37) Altså må vi - hvis vi altså kan stole på, at vores sanser er der, fastslå, at det er en kendsgerning, at denne blomst er en kendsgerning, at den eksisterer.

38) Denne kendsgerning om den er sand eller ej, bygger i hvert fald hele fundamentet og grundlaget for vores videnskab i dag, altså hvis det ikke ville være tilfældet, ville alt, hvad man indtil videre har forsket i videnskabeligt, falde til jorden.

39) Altså, lad os antage at grunden til vores videnskab i dag eksisterer, og for et relativt kort øjeblik, som den blomstrende blomst er sanseligt til stede. Hvad der efterfølgende sker, har vi som før nævnt allerede forsøgt at beskrive.

40) Altså før den blomstrer er den en blomsterknop. Er hele blomsten så allerede til stede gemt i dette frø ? Som en celle, hvor man ved i dag, at alle nødvendige informationer på en eller anden måde - helt småt og endnu ikke udfoldet - allerede er inden i den lille celle…

41) Før den blomstrende blomst blomstrer og efter den er en blomsterknop, er den en voksende stængel. Er hele blomsten allerede gemt til stede i denne stængel? Og øjeblik voksende? Hvordan, hvad, hvorfra?

42) Altså gemmer der sig ikke kun information inden i den, så den senere kan udfolde sig til en skøn kompleks rododendron, men også allerede en kraft, som lader den vokse. Ja klart- det er de rette omstændigheder - det kan man jo se…er dette virkelig sådan?

43) Det kræver, at der er bestemte omstændigheder til stede, før væksten kan finde sted, ja så langt kan vi blive enige, men er disse om-

stændigheder denne kraft selv eller kun betingelserne for, at denne kraft kan virke? Hvis det kun ville være omstændighederne, ville jo alle under de samme omstændigheder voksende planter se ens ud eller?

44) Næh, de har allerede indeholdt forskellige informationer, som lader dem blive forskellige blomster og planter. Men hvordan kan det da lade sig gøre?

45) De har vel udviklet sig, med tiden, over æoner, evolution, der var dengang andre betingelser? Virk`lig? Òg betingelser lader noget vokse?

46) Selvfølgelig: fotosyntese - grundskolestof - kan vi gå videre? Næ, ikke rigtig, for det er der, hvor det allerede hakker, hvor der mangler noget.

47) Altså rent ydre betingelser - hvor kommer de i øvrigt fra disse betingelser? - lader en sådan mangfoldighed af planter, dyr og mennesker udvikle sig af omstændighederne? Så må vi nok hellere se nærmere på disse omstændigheder, for det må ja være ufattelige fantastiske omstændigheder.

48) Altså, inden den blomstrer er den en voksende stængel. Er hele blomsten allerede gemt til stede i denne stængel? På stænglen er det ikke kun blomsten, der vokser, men allerede før dette vokser der også nok blade på stænglen. Blade?

49) Wow, og rødderne, som også vokser imens, har vi heller endnu ikke med. Selvom jeg ikke ved, om den videnskabelige forskning tillader, at vi tæller rødderne med, for dem kan man jo overhovedet ikke se, egentlig. Altså må de jo i vores forskning taget alvorlig være lig ikke eksistent?...

50) Er bladene på stænglen gemt i stænglen, når stænglen starter med at vokse? Og vokser rødderne nu kun ned i jorden, eller er de allerede selv blevet en del af jorden?

51) Øjeblik, jeg fik lige et billede af det voksende barn - stadig nok helt i starten i livmoderen for mit indre - først deler cellerne sig og kreerer en linie, som en stængel, som senere hen bliver til hvirvelsøjlen, så dannes forskellige organer på forskellige steder på linien, som blade. Blade er der jo også som lungen f.eks., som hjælper blomsten med at indsamle vand?

52) Det første punkt på denne linie - i en menneskecelle - vandrer op og danner hjernen, senere vandrer denttilbage og danner hjertet. Er hjernen eller hjertet blomsten i et menneske?

53) Før stænglen vokser på blomsten - tilbage til blomsten - er det et blomsterkorn, et frø. En lille prik. Er hele blomsten allerede - og blade og stængel - gemt tilstede sammenpresset i frøet?

54) Principielt må det jo være således, at størrelsen ikke måtte spille nogen rolle. Men så lille...eller er det kun for vores opfattelsesevne lille? Ah...blomsten er virkelig kun potentiel til stede i frøet. Aha, ja okay.

55) Nå, som om alt det ikke ville være nok, hvor kommer så frøet fra? Nå men vel fra en anden ens udseende blomst - en såkaldt ens sort. Det er da logo. Men så bliver det sværere, for hvor kommer alle disse blomster så fra?

56) Det står vel fast, at den vidunderlige blomst i det fysiske næsten er startet som en prik eller?

57) Tilbage - langt tilbage har de vel udviklet sig over æoner af tid. Okay, plausibelt, og før det? Udsprunget af enklere planter? Det ville være tro mod evolutionsteorien og, endnu væsentligere, plausibelt.

58) Okay, hvad var så de enkelte planter, før de var planter? Hmm, jord? Okay, og videre, hvad var jorden, før den var der? Varme? Luftig energi - hvor kommer så denne energi fra? - ved at kondensere sig? I gang med at samle sig? Fortætte sig? Fri energi?

59) Måske, hmm, ligesom fotosyntesen, bare udbredt på hele jordens udvikling? En temmelig gevaldig rejse som den lille blomst har måtte gennemgå for for et kort øjeblik at kunne blomstre, for videre at kunne forvandle sig til...energi.

60) Wow...men vent lidt, er den så ikke energi, imens den er blomst og blomstrer? Det ville forklare ,hvor den tager kraften fra, næsten som om den vokser, udfolder og blomstrer indefra.

61) Ja, det kunne forklare kraften, imens den udfolder sig, men kan det også forklare det organiserende, sig til blomst-udviklende organisation og orden?

62) Bare ordet organisation er jo vildt: organ og orden. Så et organ er et ordnet princip til en bestemt funktion? Hm, et ordnende princip...aha, det forklarer formgivningen, dog stadig ikke hvordan denne energi i første omgang er opstået.

63) Er bladene på blomsten blomstens organ? Lungen? Blomsten dens hjerte? Rødderne dens fødder? Og stænglen dens hvirvelsøjle?

64) Blomsten tager - ikke kun varmen, lyset, luften og vandet udefra, og jorden for at kunne blomstre, men også dens iboende kraft som er, hvad den består af, nemlig energi, for at kunne udvikle og udfolde sig. Aha, jaså.

65) Men denne energi kan jo ikke bare være der alene, så ville der ikke være nogen orden til stede for at fremkalde en blomst og sågar en bestemt blomst, der må dog være en allerede organiseret mafia, jeg mener kraft, som kan organisere denne energi, ellers ville tilfælde og forfald og kaos være resultatet eller? Jeg tror, vi er på sporet af den største mafia, som verden har set.

66) Universets mafia. Det ser ud til at være totalt gennemorganiseret. Og besidder og fordeler de største og kraftfuldeste stoffer verden har: livsenergien, livskraften. Wow. Det er noget af en præstation.

67) Så er det bare med at sætte efter denne mysteriøse mafia...vi må under alle omstændigheder finde ud af, hvor den befinder sig og gemmer sine stoffer, og hvordan den fremkalder disse, for at få fingre i disse stoffer for at overleve og give mening til livet igen...Det kan blive en vild jagt, så vær beredt:

68) Altså lad os først se på hvad vi ved: først er energi, så dennes organisation. Og her mangler livet allerede...hm...og dets opståen...det må da være levende, før det opstår, i det mindste potentielt eller noget? Ikke? Hvordan kan det så lade sig gøre? Hm, det må vi stadig finde ud af... nå; så varme, så fortætning, så jord, så stængel/hvirvelsøjle/linie hvorom dette specifikke kan organisere sig, så organer, opbygget forskellige funktioner - hvis flere organer, så ah ja hjertet, som det centrale hjertestykke.

69) Man snakker jo også om hjertet i en kollektion, af en samling osv. Dvs. blomsten har allerede to organer: lunge og hjerte. Hvad er et græsstrå så? Kun hvirvelsøjle, sig opbyggende orienteringslinie?

70) Jeg var lige ude at løbe - jeg mener ude efter mafiaen - et græsstrå har til at starte med blade og blomst...når det får lov til at vokse i ro og ikke bliver halshugget konstant...dog kun endnu grøn. Så kom jeg forbi en kornmark; græs med begyndende blomst... vi tager bare kornene, før de kan blomstre, og maler dem til mel...så mødte jeg en hare, en lille kænguru, tænkte jeg.

71) Så stødte jeg på en hjort, en stor hare, tænkte jeg. Så måtte jeg tænke på at bygge huse, tænke på at lave et puslespil. Videnskaben er som et puslespil, tænkte jeg, vi har alle dele flot liggende ved siden af hinanden, men det giver kun et ufuldstændigt billede af verden, fordi vi ikke begynder at bygge de forskellige dele sammen igen.

72) Og som man ved, når man vil bygge et hus, har det ikke kun brug for byggestenene, lige så vigtigt er mørtlen, klæbestoffet, eller som ved et puslespil forbindelsesstykket, den ind- eller ud -bøjede hage.

73) Hvad er så dette klæbestof, hvormed vi kan samle alle puslespilsdelene af videnskaben til et stort billede? Med ét slog det mig: den logiske tænkning.

74) Det ikke synlige forbindelsesled fra hare til hjort, eller fra græs til blomst eller fra abe til menneske. The missing core forklarer således også the missing link.

75) Forklaringen ligger inde i alting, den er sågar synlig, og så alligevel dog ikke helt. Dette må vi først tilføje, eller forestille os, blive bevidst om, så kan vi samle det store puslespil af verden - ja det største puslespil i verden, ih jeg elsker puslespil. Den logiske tænkning. Med vores logiske tænkning, igennem vores bevidsthed. Hermed kan vi erkende hele verden.

76) Altså løb jeg tilbage, da det hermed blev mig klart, at sådan herude finder vi ikke mafiaen og dens stoffer. Ligemeget hvor vildt vi søger den her. Jagten må fortsættes tankeligt. Heri ligger nøglen.

77) Som sagt, så gjort: altså fortsætter vi denne vores logiske tænkning for at komme frem til en indsigt og erkendelse og ser, om det lykkes os virkeligt at erkende stofferne..eh…blomsten:

78) Blomsten benytter altså den formgivende mafia, lad os blot kalde det lovmæssighed her for at frembringe ufattelige stoffer…eh…former. Kig bare på rosen. Utrolig, ufattelig smuk. I duft, form og farve.

79) Et sandt vidunder, men intet er tilfældigt, jo det ene rosenblad er om muligt en smule mindre eller skævere end det andet, men det hører til det personlige udtryk af en udlevet lovmæssighed af en evig varende altid til stede evighed bestående af potentiel energi.

80) Hva´behar?…Aha, der var det. Hvor kom det lige fra? Nåja, i hvert fald ikke ud af ingenting. Altså:

81) I alt levende ethvert øjeblik til stede og virkende, og ikke kun i alt for os levende, men derimod også levende i for os virkende dødt, enkelt ikke synligt - det må være således - da dette er uden håndgribelig form for vores almindelige sanser. Javel det giver mening.

82) Vent engang, dvs. vi...øh blomsten har allerede stoffet i sig og overalt omkring sig, før, efter, ja hele tiden...wow, vi leder efter et gemme, og den er total åbenlys overalt. Tja, denne erkendelse var virkelig det eneste - med hjælp fra den logiske tænkning - der manglede.

83) Hvis det ville være sådan, så ville blomsten ikke komme ud af ingenting, men gå igennem en eller anden metamorfose af en potentiel mulighed af evigheden i begrænset form - udleve og udtrykke sig i verden. Ha, wow. Tak.

84) Blomsten er altså evig energi, har altid været potentielt til stede...ahh nu har jeg det, potentiel er ikke udlevet. Potentiel er som en idé, en smuk rose, som bliver liggende på stenen som et kim.

85) Dvs. at ***blomsten er altså evig potentiel energi***, og i potentiel energi er både liv og potentiel bevægelse indeholdt, og den stammer fra, og opstår igennem en lovmæssighed, en orden og det lykkes den herigennem - efter en lang rejse - virkelig at frembringe forbløffende former. Virkelig at udfolde sig som og igennem ordnet energi. Virkelig at udleve sig fysisk for et øjeblik, for evigt. Wow.

86) Altså: Hvad er blomstens formål?: Skønhed...uha, har jeg taget for meget?...jeg mener, evigheden, bestående af evigt levende potentiel energi i materien, som energi og form faktisk konkret, under lovmæssigheden af endeligheden, endelig, men til gengæld for at udleve et stykke udlevet uendelighed. Altså er livet udlevet potentielle muligheder af uendeligheden. Wow.

87) Altså består blomsten ikke kun af usynlig energi, men stammer derimod fra den potentielle evige energi, som et stykke af dette potentielle evige, faktisk virkeliggjort for evigt. Wow. Det ville være interessant at finde ud af hvor og hvordan, men for i dag:

88) Vil jeg gerne takke universet - og de skønne blomster, af hjertet for denne i sandhed vidunderlige dag, for alt deres åbenhed og indsigt. Og nu er det faktisk lykkedes os at finde frem til den største mafia, som kan eksistere, og de bedste og mest overvældende stoffer i verden og har også fun-

det tilgang til disse: livskraften selv. Den er så åbenlys, og dog gemt i alt - os selv inklusiv - i alt. Altså direkte allerede til stede i alt. Åbenlyst gemt.

89) Og først da vi stoppede med at søge efter den, er det åbenlyse blevet synlig for os, åbenbaret. Det er dog...urkomisk...hvilken åbenlys hemmelighed. Eller en hemmelighedsfuld åbenbaring?

90) Blomsterne kan ikke kun blomstre, de er en del af hele verden og evigheden, og de kan derudover hjælpe os til at erkende hele verden. Og giver efter deres blomstring i første omgang andre blomster deres eksistensgrundlag. Jeg ville nok sige, det er ikke så lidt for en så lille blomst, men derimod en ubeskrivelig stor og vidunderlig fuldbringelse den kan bringe med sig, over for os.

91) Og så er de derudover også vidunderlige at se på og lugter også godt. De har virkelig gjort sig umage og sådan betragtet givet alt og vist, hvad der er dem muligt. Tak. Amen.

Kapitel 8

Mennesket

1) Spørgsmålet er nu, kan man overflytte denne erkendelse fra blomsten til noget andet? Lad os finde ud af det. Umiddelbart burde dette være muligt eller?

2) Vi kan vel undersøge alt, som vi har undersøgt blomsten. Vi har - jeg håber i det mindste, at I alle har kunnet følge og tilslutte jer mig indtil videre - fastslået hvad blomsten i sandhed er, hvor den kommer fra, hvor den går hen, og hvorfor den er her.

3) Vi kan vel også tage os selv som forskningsobjekt eller? Betragte os selv og se om vi et eller andet sted kan erkende nogen lovmæssigheder. Er der noget, som vi bliver ved med at gentage hele tiden i livet?

4) Spise, drikke, gå på wc, sove, hm…næh…ikke mig…selvom… lige et øjeblik jeg skal lige…spise noget…er sulten…puh, allerede igen?…nå ja også kaffetørstig igen…gør altid godt igen…

5) Og lad os se om vi kan erkende vores eget væsen. Selvfølgelig ville denne erkendelse i første omgang være hvad den er, en erkendelse, og ingen videnskabelig evidens, det ved jeg godt. Ligesom med blomsten, men denne erkendelse er i og for sig også meget værd, for så ved vi, hvor vi skal søge videre.

6) Altså må vi igen kigge på hvad der så- ud over det rent fysiske - bliver tilbage af os, når vi stopper med at ånde. Eller ånder vores legeme? Nåja, lad os starte "forfra": altså når vi dør, fysisk, hvad bliver der tilbage af os og i hvilken form?

7) Vores fysiske legeme bliver til jord, eller aske, så langt tror jeg godt, at vi kan blive enige uden videre. Vores fysiske andel gennemgår i første omgang en fysisk metamorfose. Her kan vi efterspørge kvaliteten af vores afdøde rester.

8) Vi ved imellemtiden f.eks., at følelser og handlinger ligesom kan sidde fast i vores væv og celler, dette ville logisk set - ikke bedømmende -

medvirke til kvaliteten af vores jordiske rester af vores legeme, eller? Noget fysisk materie altså. Ok, ellers noget? Lad os gøre det konkret:

9) Lad os sige at kendsgerningen er, at Jens Gustav Peter er døbt Jens Gustav Peter, at Jens Gustav Peter var ked af det, da hans hund døde, at han var knust, da han mistede sin hustru, og følte sig som en heldig kartoffel, da han endelig besad nok midler til at kunne bygge sit drømmehus.

10) Kendsgerningen: At Jens Gustav Peter årelang fem ud af syv dage har sat sig ind i sit køretøj og er kørt på arbejde, har siddet bag ved sit skrivebord og har skrevet tal på sin skærm, regnet dem sammen og har gemt dem, for at gøre sig umage i håb om, at hr. Bering ville synes om det og ville sætte pris på ham for det og lade andre tal komme til syne på en anden skærm, som ville gøre ham selv glad og lettet, og at han glad for, at dagen er forbi, kan køre hjem og på vejen hjem kan købe sig noget mad for at føle sig godt tilpas og mæt, før han træt af at lægge tal sammen, falder om i sengen.

11) Altså endnu mere nøgternt sagt: forskellige gøremål og følelser og tanker er tilbage. Som kendsgerninger. Godt, dårligt i første omgang ikke taget i betragtning.

12) Hvor går de så hen, når Jens Gustav Peters krop er begravet under jorden, og han ikke mere ånder synligt? Løser disse sig op i ingenting? Hvis ikke hvor går de så hen? I hvilken form? Er det disse kendsgerninger, der faktisk bliver tilbage udover noget aske/jord af Jens Gustav Peter, så at sige essensen af ham? Hvis ja, hvordan og hvor? Vel ikke i asken eller jorden?

13) Kunne det være, at det som Jens Gustav Peter har gjort, følt og tænkt ikke bare opløser sig i ingenting, men derimod befinder sig let løst fra det synligt materielle, men alligevel lige som i vævet i universet eller noget? Som en universalhukommelse?

14) Det må jo være til stede i evigheden som en kendsgerning og udlevet potentiel mulighed. Ha, som ren ubestemt energi? Eller forbliver hans opbyggede bevidsthed på en eller anden måde bestående, uden helt at opløse sig i alt? Endda måske som hans egen? Som en bestemt energi?

15) Bliver der ellers noget ud over det fysiske som og i metamorfose og forskellige kendsgerninger, som vi allerede har fået udkrystalliseret?

Hvad er der med, at Jens Gustav Peter gennem forskellige oplevelser har fået mange erfaringer? Han er måske også blevet ret god til et eller andet igennem gentagen øvelse?

16) At regne tal sammen f.eks. igennem alle tallene på hans arbejde? Eller er blevet god til at drikke meget alkohol i svære tider f.eks. Måske har han jo også igennem sine erfaringer lært noget nyt? Opbygget nye kompetencer. Som at kunne styre en bil? Hvor går alt dette hen, når han ligger i kisten? Tilsyneladende død?

17) Han kan jo selvfølgelig ikke mere køre i bilen, nu hvor hans krop ikke længere tjener ham, altså må disse færdigheder dog også løse sig fra bilen eller? Hvad bliver så tilbage? Færdigheden i at kunne styre noget som er større end sig selv, at kunne besidde overblikket?

18) Og at drikke alkoholen går jo heller ikke mere, så hvad bliver tilbage som færdighed? Færdigheden ikke at kunne forholde sig til problemer, men hellere at fortabe sig i ydre ting? Som et misbrugs-potentiale måske? Det må dog, for at give mening, faktisk forblive bestående som udlevet mulighed, altså som kendsgerning. For evigt. Og…hm, bygger disse færdigheder sig måske om til nye potentialer?…

19) Jo da, vi kan naturligvis også skabe noget fysisk uden for os selv, som i første omgang kan blive bestående længere i den fysiske verden, end vi kan.

20) Lad os sige at Jens Gustav Peter har snittet et skab. Dette er selvfølgelig direkte skabt af ham, dog efterfølgende ikke afhængig af ham og kan fysisk uafhængigt af ham selv forblive bestående i første omgang. En vis tid i det mindste.

21) Før eller siden må dette dog også bøje sig for forgængeligheden i den universelle lovmæssighed i det fysiske. Består mere end kendsgerningen, at skabet har været der en vis tid? Glæden og nytten det har udbredt, imens det har bestået vel også. I det mindste som kendsgerning.

22) Altså har han også opbygget en evne gennem sine snitterier, til at give sig selv og andre glæden ved dette, igennem at skabe og bygge noget fysisk uden for sig selv…eller? Bliver dette også omdannet til et nyt potentiale måske?

23) Og Jens Gustav Peter dør ikke bare, men løser sig derimod i første gang fra det direkte erfarede fysiske. Går igennem en forvandling og metamorfose. Tak Jens Gustav Peter. Du har virkelig hjulpet os i dag.

24) Spørgsmålet, hvor Jens Gustav Peter kommer fra, må vi vel rette imod hans forældre ikke? Hvad? De er ikke mere i stand til at svare? Også døde? Hm, så må vi vel på en eller anden anden måde hitte ud af dette. Lad os i dette tilfælde atter udvide vores blik:

25) Altså udfolder vi os igennem vores tænkning, følelser og handlinger. Kan det være at ikke kun det vi gør, men også hvordan vi gør det ikke kun for os selv i livet og efterfølgende for omgivelserne men også for os personligt, har videre følger, end vi lige umiddelbart tænker og kan se? I første omgang uden at føle og tænke positivt eller negativt ind i det. Helt nøgternt betragtet? Dette kunne tyde på det.

26) Hvis det var således, hvor bliver dette så af? Det må - for at give mening - jo være et eller andet sted, hvor denne viden, i det mindste potentielt? - kan hentes ud igen og atter kan indgå i en videre kontekst, ellers er vi da tilbage til meningsløshed og ligegyldighed.

27) I det bevidste rum, udenfor det fysiske rum? I selve evigheden? Hvis det bare ville opløse og sprede sig fuldstændig i hele evigheden, ville det så ikke bare gå tabt i uendeligheden? Det er i hvert fald svært at forestille sig, at der igen kunne hentes noget videre meningsfuldt ud af det eller?

28) Hvad er der med bevidstheden? Kan det være at en bevidsthed ligesom bliver opbygget og disse erindringer og erfaringer ligesom bliver gemt i et eksternt rum, som så ikke er fysisk, dog faktisk består, ikke kun potentielt men faktisk, som så igen når det giver mening, på en eller anden måde kan forbinde sig med en nybygget fysisk krop og hvis ikke direkte eller bevidst så alligevel ligesom kan tage disse erfaringer og erindringer og bruge og udvikle videre på?

29) Ha…så har dyrene ligesom en drømmenes samlet bevidsthed og kun mennesket kan igennem evnen af selvrefleksion bygge en individuel bevidsthed, som så også kan fremstå selvstændigt og individuelt igen? I en ny krop…

30) Hvis vi tager logik og lovmæssighed alvorligt, må vi holde denne mulighed åben, at vi på en eller anden måde formår i det mindste potentielt og med vores essens at komme ind i en ny krop…det giver modsat set ingen

mening, at vi kun skulle leve én gang, og døgnrytme, årsrytme ikke på samme måde skulle gælde for vores livsrytme. Det ville så være et alenestående tilfælde, i noget som ikke kan indeholde alenestående tilfælde eller tilfældigheder.

31) Ikke kun gentagelsen i lovmæssigheden, som verden underligger, forlanger logisk set flere liv af os, men også udviklingen. Hvordan det ser ud eller fungerer ville så være spørgsmålet, ikke om det er således eller ej.

32) Derudover, ville det logisk meget vel forklare, hvorfor vi er så forskellige som vi er, endda søskende, og hvorfra nogle ligesom tilsyneladende er født med talenter eller fobier. Hvordan og hvad vi tager med er så spørgsmålet, men at vi gør det, og ikke kun positive ting kunne dette tyde på. Kig bare på småbørns forskellige adfærdsmønstre f.eks.

33) Spurgt anderledes: hvordan kan det være, at vi mennesker er så forskellige? Søskende måtte da i det mindste være meget mere ens, end dette åbenlyst er tilfældet, hvis det kun er genetik og miljø, som spiller en rolle her eller?

34) Det kunne ikke kun forklare, hvorfor vi er så forskellige, nogle født med talenter, andre med belastende tilbøjeligheder, men det ville pludselig give mening og endda lade uretfærdighed bortfalde, og vi ville faktisk have det i vores egen hånd at styre vores egen fremtid, vi ville ikke mere blot være magtesløse i forhold til vores skæbne.

35) På den anden side hvis vi stadig ville påstå, at dette intet har på sig, ville vi efter at have erkendt, og efter at videnskabelig evidens nu foreligger at alt er underlagt en universel lovmæssighed, sige, at vi er undtagen heraf og blotte tilfældige enestående tilfælde. Hvilket igen absolut ikke giver nogen mening.

36) Lad os se hvad der sker, hvis vi engang tager det alvorligt: Lad os dog forsøge at betragte det fra en anden synsvinkel, sådan rent potentielt:

37) Nemlig igennem vor evne til tankevirksomhed, bevidstheden om os selv, selv-refleksionen, evnen til at betragte os selv ligesom udefra, selvom vi samtidig ikke helt er adskilt fra os selv - kun tilsyneladende.

38) Altså er det nødvendige forskningsmiddel til dette den menneskelige selv-bevidsthed. Og som vi allerede har fundet ud af og gjort igennem den logiske tænkning som instrument med blomsten. Lad os lige prøve:

39) Altså hvad sker der så før "livet"? Lad os engang tage lovmæssigheden og dens logik til hjælp for at gennemskue dette, når hans forældre nu heller ikke længere står til rådighed for at svare på disse store spørgsmål. Virkeligt meget ærgelig.

40) Altså, stor som lille, vi husker på, at størrelse spiller ingen rolle. Lovmæssigheden er ens, uanset hvilken størrelse noget har. Altså må vi, hvis vi vil finde ud af, hvad der sker efter livet - eller som sagt før livet - kunne tage noget, der ser ens ud, for at finde ud af det…Lad os tage noget der er mindre i det tilfælde, da dette er lettere at overskue.

41) Hvad med dag og nat i livet for en enkeltperson? Godt. Altså:

42) Vores liv er jo fortløbende, det hænger sammen sådan, at det, vi gør i dag, bygger grundlaget for, hvordan og hvor vi vågner i morgen og kan fortsætte vores liv. Bevidst eller ubevidst, valgt eller tvungen spiller i første omgang ingen rolle. Dette er synligt for os. Så langt så godt.

43) Der forløber altså en kontinuerlig logisk fortsættelse af i dag fra i går, i morgen fra i dag. Umiddelbart. Synligt. Hvad er der med natten? Vi er jo her igennem gang på gang synlig afbrudt af dette for os synligt fortløbende liv…

44) Vi husker ikke særlig meget fra natten, altså er det heller ikke noget stort indsnit eller afbrydelse i vores bevidste liv. Vi kan for det meste problemløst bare gå videre derfra, hvor vi kom til i går og stadig have i går tydelig i detaljer i hukommelsen. Praktisk. Men hvad er der nu med natten?

45) Vi husker ikke dette præcist. Det må jo betyde, at vi her ikke er helt bevidste. Ikke helt vågne. Haha. Vi sover. Er ubevidste. Hvorigennem er vi ubevidste? Vores klare hukommelse, og dog også vores vilje og dels vores følelser løsner sig på en eller anden måde fra vores legeme, er i det mindste i denne tid ubevidst. Hvor? Hvordan?

46) Og hvad sker der egentlig når vi sover? Vi vågner friske op, bliver dødtrætte når vi er for lang tid uden søvn. Urkomisk. Hvad foregår der egentlig her? Hvad er søvnen og hvorfor har vi brug for denne? Vores liv afhænger endda af den. Det er en kendt torturmetode bare at frarøve nogen deres søvn i dagevis. Det er for anstrengende for kroppen at skulle holde sig så længe vågen. Blive stående oprejst. Fysisk. Hvorfor?

47) Vi betvivler dog ikke at søvnen er der, det er jo også nemt for vi kan se hvordan andre sover osv. og vi spørger ikke engang særligt ind til

dette, vi indretter bare glad vores liv herefter, idet vi gør os det bekvemt til søvnen. Dette tildeler vi dog utrolig meget opmærksomhed. Og med rette.

48) For vi kender umiddelbart den dårlige virkning når vi ikke får sovet godt eller nok. Det er endda som om det lige præcis er søvnen som giver livet en slags boost. Morsomt.

49) Så, hvad ville potentielt være konsekvenserne, hvis vi tager disse tanker og forstørrer dem og udbreder dem til vores liv igen? Livet ville være den vågne del og så den såkaldte død - som søvnen? Er det muligt? Det ville i hvert fald være logisk.

50) Det er dog umiddelbart rimelig mere omfattende end søvnen om natten, for i døden bliver kroppen ikke kun bevidstheden og viljen og følelserne koblet af men selv livskræfterne, som heller ikke forlader kroppen om natten, synligt, synligt trukket ud af legemet. Altså kan vi ikke bare uden videre opstå igen og fortsætte.

51) Hvis vi tillader os denne tanke og forfølger den videre, ville dette betyde, at vi - når vi ikke bevidst kan bringe livet osv. tilbage i kroppen igen - endda har brug for en ny krop for at kunne stå op igen? Og denne nye krop måtte vi først indtage og udvikle for at kunne benytte den fuldt ud. For at fortsætte hvor vi slap. Ret omfattende. Møjsommeligt. Dog giver der sig endnu flere forhindringer til kende.

52) På en eller anden måde har vi i mellemtiden ikke kun glemt, hvad vi gjorde "i går" - i sidste liv - men vi har også glemt, at i går fandtes, og også hvad vi egentlig havde for at lave i dag. Hvis det ikke er tortur, så ved jeg heller ikke…

53) Dvs. vi leder i blinde og kan således heller ikke forstå, når der sker os noget som er følgerne af "i går". Forestil dig, at du ville vågne op hver morgen og ingen anelse have om, hvor du er, hvem du er, eller hvad du har foretaget dig i går. Det må du møjsommeligt bruge dagen på overhovedet at finde ud af. Vild forestilling. Jeg ved det. Hvad nu hvis det forholdt sig lige præcis sådan med "døden"?

54) Så ville vi opfatte døden som død, fordi vi sover i bevidstheden. Ligesom vi sover eller drømmer om natten. Dog er det ikke lige så åbenlyst som med vågenhed og søvn ved dag og nat, men kan i første omgang kun opfattes, og gennemskues af os igennem vores tænkning, vores tænkende logik og med hjælp fra lovmæssigheden. Blive erkendt.

55) Lad os forestille os, nu teoretisk, at det ville forholde sig således, og vi vidste dette, det ville være os bevidst. Det ville give os muligheden for at forholde os fuldstændig anderledes til livet. Overvej det. Så kunne vi f.eks. spørge os selv, hvad dette barn bringer med sig, hvem dette barn er, og hvad dets mål kunne være i dette liv, og hvis vi ville udvikle metoder til at finde ud af dette på, kunne vi hjælpe dette barn meget mere nøjagtig og mere på dets levevej, end vi kan på nuværende tidspunkt, hvor vi må overlade det til sig selv for at finde ud af, hvad det vil, og lade det søge i mørket, simpelthen fordi vi selv søger i mørket og ikke ved bedre. Nej, vi kan faktisk ikke gøre, hvad vi ikke kan gøre, men vi kan gøre, hvad vi kan gøre. Lad os teoretisk gå endnu et skridt videre.

56) Og livsmålet måtte nødvendigvis være individuelt fra barn til barn, alt efter hvad det gjorde i går og hvor det derfor står, og hvad det behøver for at komme videre. At udvikle sig, ville være det samme for alle, men hvordan og hvorigennem forskelligt for alle. Og forestillingen om, hvordan noget skal være (en familie f.eks.), eller hvor lang tid noget skal vare (et liv f.eks.), kunne vi spare os, da vi så måtte erkende, at dette fuldstændig afhænger af læreprocessen. Er individuelt. Dette kunne højst sandsynlig spare os for en masse lidelse og lade os glædes over det skønne her og nu, så langt tid det er der, og afholde os fra den evindelige fordømmelse over alt muligt, som vi i virkeligheden ikke kan vide. Osv.

57) Dvs. skæbne ville ikke være god eller dårlig, men bare hvad den er, den nuværende læreproces, som følge af hvor den enkelte står i øjeblikket med sin bevidsthed. Så ville begreber som ´tilfældig´, ´held´ og ´uheld ´ falde bort. Ligesom begreber som ´altid´ og ´perfekt´ er forbeholdt evigheden og ikke i sandhed kan siges om noget i denne verden.

58) Dvs. det ville ikke være muligt at opbygge en retfærdig og lykkelig verden på ren og skær ens rettigheder for alle. Grundbehov som mad, tag over hovedet og sundhed ville gælde for alle ja, da dette er i forhold til kroppen, men hvis det skulle tjene alle, ville dette altid se anderledes ud.

59) Hvis ikke kun en retfærdig men også fremmende og lykkelig verden skulle kunne opbygges herpå, ville det kræve, at dette beroede på den enkeltes behov, til enhver tid. Samhørighedsfølelse i et sam-fund ligesom meningsfuld gøren indenfor dette fællesskab ville på lige fod falde under grundbehov for et menneske, som muligheden for udfordring og udvikling.

60) Og ikke bare efter lyst og humør, men beroende på erkendelsen af, hvad den enkelte har brug for, kunne dette nu være. Ikke indskrænket til om han ville kunne klare det alene at hente dette eller hint til sig (for-tjene dette) men spørgende hver enkelt hvad han har brug for. Ikke kun fysisk, men sjæleligt…hans essens…specifikt…for at fremme hans ånd…uhh der var den lige…hans essens…vi er tæt på noget lige nu…menneskets væsen? …hmm

61) Forestillingen om, at vi potentielt kunne leve mange liv, ville være logisk og uomgængeligt, hvis vi kigger på lovmæssigheden. Interessant.

62) Man er ved at finde ud af i videnskaben, at tanker alene, eller vel nærmere følte tanker, kan forårsage sygdom og sundhed, negative følte tanker sygdomme, ligesom positive følte tanker sundhed helt hen til at beherske liv og død. Jeg ved det, det er forbandet svært ikke at tænke, føle eller endda være negativ i denne verden i dens tilstand. Men;

63) Den gode nyhed er, at vi igennem det videnskabelige bevis, at døden er en illusion, kommer meget lys og lethed ind i vores liv - vores "dødelige" liv, som gør det meget nemmere, vil gøre det nemmere, at bære at gå igennem alt, da det lader mening komme ind i meningsløshed. Og lader angsten for døden - og for livet - falde bort.

64) Og endnu bedre det efterlader os ikke længere som magtesløse ofre for verden, da vi nu ved, at vi selv kan gøre noget, og også hvad og hvordan.

65) Og hvis vi også formår ikke kun at erkende reinkarnation, men også at bevise dette og vide, hvordan dette præcist forholder sig, vil vi ikke kun vide - som nu - at alt har en mening, men også konkret hvilken i en for os bestemt situation. Som lader os vise denne, ved situationer i vores liv i dag som ikke synligt giver nogen mening, og vi så kunne forholde os totalt anderledes til den, end når den bare forekommer os meningsløs.

66) Hvordan dette præcist udspiller sig eller forløber, ved jeg heller ikke endnu præcist, men at det må være en faktuel virkelighed, at der efter livet følger et nyt, må vi egentlig anerkende her, lige som vi her må have erkendt gentagelsen og ordnen i og bag verden.

67) Nok en meningsfuld sag at forsøge at finde ud af hvordan dette forholder sig, det kunne sandsynligvis hjælpe os med ikke længere at rende tilfældigt rundt i mørket som blinde og søge og håbe.

68) Det er ikke nogen bedømmelse men derimod en nødvendig konsekvens af, hvad vi har glemt og overset. Nemlig hvad og hvor livet i sandhed er. At i virkeligheden - det sande liv er evigheden, uendeligheden selv, tilstedeværelsen i sin kerne og potentiale, evigt levende og derfor ikke forgængeligt.

69) Men vi har ikke glemt, at livet er evigt, men blot hvor vi finder denne evighed, glemt er sågar måske det falske ord, da vi endnu aldrig har set evigheden. Eller jeg tænker - vi mennesker har ikke set denne endnu bevidst. Sådan ville jeg formulere det. Aldrig bliver på en eller anden vis også et begreb, der ligesom opløser sig i luft...

70) Vidst og mærket det har vi altid, bare ikke bevidst. Og nu hvor vores bevidsthed om dette vågner, søger den i første omgang svaret i det vi, fornuftigvis, kan begribe. Den synlige verden, men som er i forvandling, men hvis man ikke først kigger nærmere på det, ser det jo ganske beroligende og stabilt og uforanderligt ud.

71) Og hvis vi ikke kigger nærmere på vores eget liv, ser dette dog ofte sådan ud, som om vi bare gentager en hel masse ting. Som om meget i livet bare gentager sig. Det er da hver dag ens på arbejdet eller? Hver morgen det samme derhjemme? Og og og. Og dertil kommer, at vi mener, at vi har kontrol over dette.

72) Begynder vi at kigge nærmere, vil vi opdage, at ikke to morgener eller to dage på arbejdet osv. er ens. Ikke to. De er til gengæld forbløffende anderledes hver gang. Så begynder livet at blive spændende.

73) Og når vi opdager, at vi hvert øjeblik har indflydelse på øjeblikket, dæmrer det langsomt for os, at vi potentielt besidder ubegrænsede muligheder. Igennem os selv, uden alle mulige ydre hjælpemidler. Og ikke kun i forhold til os selv, men i sidste ende i forhold til hele verden. Vi kan blive storslåede, enestående væsener.

74) Hvilket udtryk har mennesket i dette tilfælde? Hvilket væsen er mennesket? På hvilken svingningsfrekvens befinder mennesket sig? Tænk, tænk efter, for det er præcis det: muligheden for selvrefleksion, hvorigennem vi kan blive bevidste - om os selv - og derigennem hele verden. Præcis. Skabende bevidst væren. Lave den potentielle bevidsthed virkelig. Igennem vores evne til selvbevidsthed. Selverkendelse. Ha, har vi lige erkendt menneskets væsen? Yes. Amen.

75) *Man kunne også besvare:* Hvorfor er vi her?...:

76) For at udvikle, udfolde og faktisk skabe vores fulde potentiale - som erkendende væsener - som mennesker.

77) Erkendelse og bevidst udfoldelse. For at udleve og skabe tilværelsen af væren til bevidsthed igennem til-stede-værelsen. For at udleve energi og give alle mulige former og udtryk liv. Op-leve. For at transformere den potentielle væren til bevidst væren igennem til-stede-værelsen. Dermed kan bevidstheden blive det som den er: bevidst. Og...næh det lykkedes os ikke på et enkelt liv. Overvej bare lige hvor lang tid blomsten har været på vej...

78) Når vi i sandhed kan se og forstå vores egen og hinandens livsvej og kan udleve vores inderste kerne, vores væsenskerne til at blive et menneske fuldt ud, vil livet blive let og skønt og fuldt af glæde for alle. Vi ved da, hvordan livet skal leves, og kan så opstille en sand livsmanual i stedet for at skulle følge tusinde love.

79) Sålænge der stadig findes smerte i denne verden, er dette et fingerpeg om, at vi endnu ikke har nået vores mål. Vi er endnu ikke i sandhed fuldt ud blevet til mennesker. Endnu ikke udfoldet vores fulde potentiale. Endnu ikke besteget vores bjerg, der ligger stadig arbejde foran os.

Verden

1) Jeg ville allerede som otteårig forstå verden, ikke kun beundre den. Jeg var sikker på, at der måtte findes en forklaring, en logisk forklaring også hvis ufattelig. Jeg var derfor fast besluttet på at blive astronom, for hvis man kunne forstå noget så ubegribeligt som stjernerne, måtte man dog også kunne forstå verden og livet og ja alt.

2) Jeg ville i dag sige at stjernerne…øhh stenene er renest materie, allerede planterne består ikke kun af materie, men derimod en synlig indeholdende udfoldelses-kraft, som planterne, vent, igen; materien underligger kraften af metamorfose, planterne har dertil evnen, kraften i sig til at udfolde noget nyt. For- plantnings-kraften…ha.

3) Dyrene har dertil evnen, kraften, til at løse sig fra jorden og bevæge sig frit rundt og har kraften i sig til at udfolde et nervesystem og sanser i sig selv, som gør det muligt for dem ud over deres egen lukkede materie at erfare og mærke verden.

4) Menneskene har kraften til at udfolde alt dette og dertil kraften - potentiel - til at udfolde organerne så fint, at det er dem muligt ud over sig selv at erfare og rumme verden, helt dertil at de har friheden til bevidst at være medskabere af verden. Wow.

5) Den rene materie kan blive til forskellige energiformer/kvaliteter, vent anderledes; hvad bliver bestående efter den fysiske død? Kendsgerningerne. Kendsgerningen, at jorden var jord, kendsgerningen, at blomsten duftede - undskyld er subjektivt - at blomsten lugtede, bliver bestående.

6) Kendsgerningen, at et dyr har ageret og følt på en bestemt måde. Kendsgerningen, at et menneske, hvad og hvordan et menneske har gjort, tænkt og følt, bliver bestående. Hvor og hvordan og i hvilken form? I den universelle bevidsthed? Det gælder stadig at finde ud af dette.

7) Hvad planten angår, bliver der skabt noget igennem den, som aldrig har været der før. Et nyt aftryk og udtryk så at sige. Et nyt skabt

udlevet potentiale af evigheden. Dette må jo egentlig gælde alt fysisk eller? Før det har levet eller er udlevet, har det kun levet potentielt. Efterfølgende er dets eksistens blevet til en kendsgerning. For altid, Een gang til stede, for altid til stede. Først fysisk for en tid og derigennem faktisk, for evigheden. Sådan cirka. Og bygger endda grundlaget for et nyt/andet potentiale til at udfolde sig. Men det er altså, hvad planten præsterer. Ikke lidt for sådan en grøn stængel/græsstrå.

8) Dyrene kan igennem deres erhvervede bevægelsesfrihed...hvorfor tænker jeg at det er erhvervet? - Fordi evolutionen ikke er noget, der springer rundt, men derimod må være noget i sig selv langsomt, opbyggende, udbyggende princip og bevægelse? Hvorfor? At springe rundt ville på ingen måde være logisk. Men måske er et kvantespring kun tilsyneladende et spring?...Måske begynder der bare en ny oktav, og det er derfor sværere umiddelbart at gennemskue som fortsættende?...

9) ...Nå altså dyrene kan skabe mere end det. De udfolder ikke kun sig selv, men har direkte og viljesmæssigt en indflydelse på deres omgivelser.

10) De kan destruere græsset og blomsterne, trampe dem ned eller æde dem, eller man kunne også dreje det rundt og sige, at planterne giver dyrene deres eksistens-grundlag, idet de ofrer sig for dem? Eller lader græsset sig æde for at blive en del af dyrene og således opstige i evolutionen? Så giver/skænker jorden os alle vores eksistensgrundlag? Eller ofrer sig for os? Wow. Tak kære jord, en stor gestus.

11) Der er stadig mange spørgsmål at efterforske...jeg tænker, at vi snart burde ende dette forehavende, før der her reelt går en eksplosion i luften af lutter nye spørgsmål. Der fortætter sig i hvert fald noget...virkelig bombastisk.

12) Så, hurtigt til mennesket, som kan alt dette ligeledes, og nok dertil kan det bevidst vælge at gøre noget eller undlade at gøre noget. Dyrene er her stadig fuldstændig underlagt deres drifter. Ja, okay, mennesket også stadigvæk i høj grad, jeg ved det godt. Men alligevel kan det i visse øjeblikke løfte sig op til bevidst at vælge at gøre noget eller at undlade at gøre noget.

13) Selvfølgelig er disse beslutninger ikke i nærheden af noget livstruende eller noget. Bare at beslutte sig til ikke at spise eller sove mere, går jo ikke uden videre godt.

14) Men beslutnings-friheden, som det kan sætte ind bevidst igennem øvelse, har det, i det mindste potentielt. Dyret ikke på samme måde.

Oh, jeg beslutter mig idag for græsset i stedet for antilopen, siger løven… kort tilbage til dyret, de skaber dog også kendsgerninger, som planterne ikke kan. Nemlig oplevelser af lyst og lidelse igennem sansningen eller?

15) Og mennesket? Kan opfatte og udleve alt dette, endda beherske dette potentielt, og så kan det skabe noget andet, det bringer også noget andet til udlevelse, til udtryk, nemlig at det kan opfatte alt dette, begribe og gribe dette an og skabe dette bevidst…vent, hvis evolutionen ikke kan springe, hvorigennem er mennesket så kommet til alle disse evner?

16) Er det selv gået igennem alle disse stadier? Altså ikke kun fra aben, men engang helt fra græsset, fra sandkornet? Spørgsmålene bliver ikke ligefrem færre…

17) Altså mennesket kan nu også dette: Det kan gå og skabe broen fra den tilsyneladende delte verden til evigheden, således at evigheden ikke kun lever ubevidst potentielt, men derimod bevidst igennem udleven opnår fuld bevidsthed. Og opnår fuldt udlevet potentiale igennem mennesket. Det er dog en stor opgave og ære.

18) Wow, der bliver i hvert fald stadig flere forekomster fra stenen til mennesket, som ligesom løsner sig mere og mere fra det fysiske. Bare lige en iagttagelse.

19) Og: Er vi så alene i universet? Dette ville i sig selv gå imod lovmæssigheden, selvom det jo er svært at se eller finde. Måske findes der bare andre dimensioner, som vi nu engang ikke/endnu ikke kan er-kende med vores 5 sanser, som bare behøver 5 andre sanser for at kunne blive iagttaget? Eller før eller efter vores tid? Tilbage til verden:

20) Man kunne også besvare: Hvor kommer vi/verden fra?…:

21) Ud af den levende evighed, som til enhver tid er potentiel overalt.

Kapitel 10

Livet

1) *Nøglen til livets gåde er den potentielle bestående levende evighed.*

2) Den potentielle bestående levende evighed lader os ånde, lader os vokse, lader os leve og "dø", lader os blive til tænkende, erkendende væsener, er og giver alt muligt muligheden - og for os set det umulige - for at blive til virkelighed.

3) Virkelighed er her dog nok det falske begreb. Levet potentiale er nærmere, hvad det er. Hun lader hvert frø opblomstre og udleve og udfolde sit højeste potentiale. Fordi dette er hendes inderste væsen.

4) Og den universelle lovmæssighed ligger til grund for den skabte verden og udspringer af denne evighed, som levende og potentiel er alt og indeholder alt.

5) Vi møder evigheden hver dag, overalt, i hvert øjeblik, i alt hvad der er, når/hvis vi er vågne og bevidste, ser vi også dette. På et plan mærker vi den hele tiden, og fordi den er så svær at begribe og gribe, forsøger vi - at holde den - denne evige - fast, anholde livet, for klart at kunne se den an i ro og mag, for at ville kunne begribe den.

6) Dog lader den sig ikke sådan indfange og fastholde, ikke i denne under forandring underkastede dimension, og det lykkes os ikke, dette forehavende vi har sat os for, det kan sammenlignes med at forsøge at holde et stykke sæbe fast, der hele tiden rutscher væk, eller lig forsøget på at fange en sæbeboble i hænderne og holde den for at kunne studere den. Et kort øjeblik kan det endda være det lykkes, og pst...er evigheden væk igen...Nå ja, den har nok bare forandret sig en smule.

7) Fordi lovmæssigheden for bevægelse hersker her, i lovmæssigheden for stadig forandring foreligger evigheden. Anderledes sagt, evigheden har muliggjort og skabt dette således.

8) I forhold til evigheden, det evige, levende, altomfattende, evig tilstedeværende præsente i alt i ethvert øjeblik, som, vi jo må fastslå, må være der, da en universel lovmæssighed behøver en evighed, ligger allerede svaret på spørgsmålet, hvad en sten er, hvorfor en plante vokser, og hvor vi kommer fra, og hvad vi er.

9) Alt er et udtryk for denne kære evighed, som er levende i sit væsen, ja som er selve livet, i forskellige frekvenser, svingningsgrader, færdig.

10) Forklaringen på alt er ikke kun logisk, men også meget simpel. Ethvert barn ville uden problemer forstå dette.

11) Spørg et barn hvor livet kommer fra, hvad det er, og hvorfor vi er her, og svarene vil højst sandsynlig ikke være fjern fra evigheden.

12) Spørgsmålet om, hvorfor en sten viser sig som en sten, er intet dumt barnligt spørgsmål, men derimod endda et nøglespørgsmål.

13) Ja, børnene ved allerede forbløffende små, hvordan et meningsfuldt og væsen-tligt spørgsmål om verden og dens oprindelse og mening må stilles for at kunne løse denne underliggende såkaldte gåde.

14) Det kan dog for os såkaldte voksne kloge hoveder være svært at fatte, at en så enkel sandhed skulle ligge til grund for en så synlig kompleks verden.

15) Alt har jo sin mening og berettigelse, nogle gange kan jeg dog ikke lade være med at smile ad vores intellekt. Det kan i sandhed bringe os meget og langt, dog stiller det sig selv til sidst som en sten i vejen. I det mindste ved store spørgsmål.

16) Altså er det væsentlige spørgsmål at stille sig først, hvilket spørgsmål man skal stille sig, når man gerne vil have svaret på et spørgsmål.

17) Altså er livet her i det fysiske underlagt bevægelse. Og enhver forandring, enhver bevægelse kan kun have én ud af to retninger, enten åbner den sig eller den lukker sig, enten bliver noget større eller det bliver mindre, enten bliver dette noget mere højlydt eller mere stille, hurtigere eller langsommere, varmere eller koldere.

18) Om vi opfatter dette eller hint som en forbedring eller en forværring, spiller i første omgang ingen rolle. Der er dog behov for begge retninger for at holde sig i bevægelse, da vi befinder os i endeligheden. Og at tage hensyn til dette er ret essentielt for os. Dog ikke så nemt som man kunne mene.

19) I første omgang er det bare, hvad det er. Forandring, bevægelse, liv. Udlevet, virkeligt. Men til livet tilhører - i det fysiske - lige så meget opløsning af det, som var, som opblomstring. Lige som en blomst. Egentlig enkelt, synligt/overskueligt, iøjnefaldende.

20) En blomst blomstrer, som fandtes der ingen i morgen, og med rette, da den hurtig visner igen. Således er det med alt i denne verden. Det består af konstant bevægelse i rummet, konstant forandring. Da det er dets faktuelle eksistens-grundlag.

21) Dem, der tager højde for dette og behersker at acceptere dette, kommer med mindst smerte igennem livet. For begge retninger er underlagt endeligheden ens.

22) Det betyder ikke, at dette er nemt eller skal være det, det er i sandhed en kunst, og en kunst er noget, som i sig selv ikke uden videre men derimod kun igennem øvelse kan opnås. Jeg kalder denne kunst at flyde med livet for livskunsten.

23) Virkelig at gå med livet, med dets udfoldelse men lige så vel med dets tab og indskrænkelser - at kunne leve godt og i fred med al forandring.

24) Egentlig ved vi godt dette, men fordi vi overser noget, fordi vi har glemt noget ved det, er vi bange for denne sekundære bevægelse og gør os megen umage med al kraft og kunstskabens regler at forløgne denne retning af opløsning, endda forhindre den, trække den ud, vores mål og stræben i livet bliver pludselig endda at forhindre denne strøm, helt at stoppe den. Vi mener, at kun opblomstringen er godt, værd at stræbe efter, værd at leve for.

25) Og vi føler os ramt, forrådt og i dyb sorg, når det dog lykkes for denne anden retning at tage over. Hvad jo lovmæssigt kun er et spørgsmål om tid. Men vi spørger os, hvorfor lige os, hvorfor nu? Og vi er fortvivlet, fordi vi mener, at hele vores verden falder sammen under os, og det hele er forbi. Verden er slut, det hele var forgæves.

26) Fordi vi har opbygget denne bestemte forestilling om livet, hvordan det har at se ud, hvor lang tid det skal vare osv. Hvis vi tager skæbne og læring med til livet, kan vi ikke længere umiddelbart tænke sådan. Dette er upræcist. Og forårsager megen unødig smerte i livet. Og smerten og stressen og angsten for at miste bliver større end glæden ved, hvad der er, sålænge det er der. Og til sidst forbliver blot sorgen.

27) Når vi ved, at denne sekundære retning fortætter sig og til sidst bliver ikke til ingenting, men til et kim i et nyt potentiale, vores kære forsvinder ikke bare, vi forsvinder ikke, alt hvad vi nogensinde har gjort, tænkt og følt, bliver ligeså meget bestående i evigheden som kendsgerninger, udlevede kendsgerninger, kan vi tillade dette og byde det velkomment med fuldkommen ro i sjælen.

28) Og når vi ved, at intet, og virkelig intet, går fortabt eller var forgæves, overvejer vi det måske to gange, inden vi gør noget eller undlader at gøre noget, men kan så også med fred gå ind i denne anden retning af livet, og vi kan lære fredeligt at give slip på dét i det fysiske, som vi i første omgang har opbygget og opnået i det fysiske.

29) Og vi ville atter begynde at give ældre mennesker den plads hos os, som er dem værdige, fordi vi ved, at det ikke kun er de fysiske præstationer det gælder. Lige modsat, de åndelige evner er lige så væsentlige, og til slut, dét som bygger et nyt kim. Altså dem med megen livserfaring, som kan spørges til råds. De vise, livskloge, er værdifulde. Meget værdifulde endda. For de er i gang med at skabe et nyt frø, en ny essens.

30) Så kan vi nu kim-agtigt samle nogle indsigter sammen og sige: Hvorfor har vi brug for søvnen? - Fordi vi (endnu?) ikke kan leve uden den. Hvorfor har vi brug for døden? - Fordi vi (endnu?) ikke kan leve uden den? Hvorfor har vi brug for livet? - Fordi vi (endnu?) ikke kan blive bevidste om bevidstheden, om verden, om det evige og det endelige i det evige og den uendelige udvikling i det evige igennem det endelige.

31) Og vi burde også have erkendt: Der findes ingen død. Og smerte kan kun bestå, hvor bevidstheden endnu ikke er bevidst om sig selv. Ligesom tanker, følelser og handlinger blot udspringer af forskellige svingningsformer af det samme - evigheden.

32) Altså, en sten er en sten, fordi den har en bestemt frekvens, den har antaget en bestemt frekvens ud af evigheden - tilsyneladende tilfældigt, synligt.

33) Evigheden selv er ubestemt, derfor lader det til, at stenen og planten er to ting, vidt forskellige og adskilt fra hinanden, der intet har med hinanden at gøre, de lader til at være total forskellige i vores sansning. Den eneste forskel er udtrykket af evigheden, den bestemte - og nemlig to forskellige bestemte - svingningsgrader igennem den universelle lovmæssighed.

34) Resultatet er for os at se forskelligt, stenen er tung og fast, og planten er sårbar og levende. Stenen lader til at være død og uigennemtrængelig.

35) Men det er blot, hvordan vi opfatter de forskellige frekvenser med vores sanser. Vi anser - fordi vi har andre sanser end stenen, stenen anderledes, end stenen sanser sig, eller planten sanser stenen, eller stenen sanser planten. Eller en snegl sanser stenen osv.

36) Det fysiske liv er altså: Ånd i materie. Energi i form. Udlevet faktuel bevidsthed. Jeg kunne også tilføje: Betinget kærlighed, ud af det evige som så ville bestå ud af betingelsesløs kærlighed. Men det gør jeg ikke lige endnu. Men vi kan sige:

37) Åbenbaringen og væsenet af det uendelige:

Du er evig.

38) Lovmæssigheden/ Væsenet/ Ånden/ Udtrykket/ Svingningsfrekvensen/ Energien/ Essensen af det endelige:

Det går over.

39) Du skaber ethvert øjeblik af dit liv noget, som aldrig har eksisteret, et stykke af den potentielle evighed, faktisk, udlevet, for evigt. Og vi kan som eneste væsener i det fysiske med-bestemme hvad for et stykke, vi vil virkeliggøre. Wow, hvilken kæmpe ære. Og glæde. Og an-svar?...hmm... Og:

40) Så kan vi nu stoppe med at søge efter og forsøge at opbygge stabilitet i den ydre verden. Og opsøge det igen i os selv, opdage og vide, for at leve i en stadig forandrende verden uden konstant at blive overrumplet af omstændigheder og derigennem nemmere omgås kriser (de går over) og os selv.

41) Derfor er den altomfattende Gud/ Evigheden/ Uendeligheden/ Den Højeste Ånd/ Det Højeste Væsen/ den højeste energi/ potensen af alle svingninger og frekvenser, selve den betingelsesløse Kærlighed. Som sagt vil jeg dog ikke nævne det her, da videnskaben endnu ikke er kommet hertil. Men de søgende, fortvivlede og afmægtige kan være sikre på dette. Fordi det er logisk. Også selvom det endnu ikke er videnskabeligt bevist. Erkendelse går nu engang forud for videnskaben. Men shh...røb det ikke.

42) Wow, altså kort sagt:

1) Vi er evigheden.

2) Vi kommer fra potentiel bevidsthed og

3) Vi er her i og som et udtryk af dette, så vi kan - bevidstheden kan - gøre sig dette bevidst. Wow.

43) Så kan vi besvare spørgsmålet: Hvad er livet?:

44) Livets væsen er evig levende Ånd.
Ånd består af levende potentiel
energi og bevidsthed, som
til enhver tid er overalt,
altså er altomfattende.
Evigheden. Som
Væsen. Livet
er væsent-
ligt og
evigt.
A-
men.

45) Så tænker
jeg allerede, hvad
er der mere at skrive?
At sige? Det hele er dog nu
allerede sagt og skrevet. Mit hoved
er tomt. Jeg kan mærke, at tiden for denne
Brainstorm går til ende, det er snart tid til at hitte
hoved og hale i alt dette, og bygge videre på det. Den
længste og bedste Brainstorm i mit liv. Tolv fulde skønne lange
dage varede den. Det var i sandhed tolv helbredende/ hellige dage for
mig.

46) Følelsen af at være fri, ikke at skulle bekymre sig om noget som helst, og begynde at kunne udleve sig fuldt ud. At kunne plante ens egen livs-kim under de rigtige nødvendige betingelser og kunne pleje den til de første spirer er blevet synlige.

47) Sådan føles det, og jeg er uendelig taknemmelig, dybt i mit hjerte og af hele mit hjerte. Mennesker, som kender mig, og som har mødt mig i disse dage, har set hvor oprigtig godt dette gjorde mig, og hvor meget jeg andre dage i denne tid har måttet kæmpe, bare for at blive stående oprejst. Danke. Danke. Danke. Schweiz, Dec. 2017 *Iben.*

48) Når man er tæt på noget, en sandhed - og ikke den fra ens egen mening, så giver det ikke kun mening og hjælper én konkret videre i livet, så man ved hvad, man skal gøre, hvordan man skal eller kan forholde sig for at komme videre, men også alle andre, der søger dette, ville komme til samme konklusion. Her igennem kan man efterprøve sandfærdigheden for ægthed i en sag.

49) Det vil understøtte det, som andre har fundet ud af, og det, som man selv har fundet ud af, vil understøtte det, som andre har fundet ud af. Bekræfte det. Således kan man ane, om man er på den rette vej, om man søger i den rette retning. Mine ord her er selvfølgelig mine egne, men det er blot det personlige udtryk.

50) Har man derimod flere forskellige resultater, som ikke er forenelige, kan man derimod være ret sikker på, at begge/alle kun ser/har/betragter en del af helheden. Lad os dog hellere nyde og værdsætte forskelligheden og mangfoldigheden i denne underskønne verden, som vi har lov at leve i. Miraklernes verden. Fuld af vidundere.

51) Men som Sokrates til sidst måtte fastslå: Nu ved jeg, efter at jeg har studeret alt, at jeg ingenting ved. Tja, jeg ved sjovt nok egentlig også alt nu, og dog egentlig ingenting. Det er lykkedes mig lige at besvare tre spørgsmål, men har nu derigennem fået ti nye. Morsomt. Urkomisk. Gud har da virkelig humor. Også selvom den måske fremstår en smule sort. Hvad? Er Gud englænder? OMG

Det videnskabelige grundlag for den nye videnskab

1) Så, nu kan vi opbygge videnskaben om forskellige frekvenser fra den universelle lovmæssighed af evigheden, altså hvordan de forskellige ting udspringer og viser sig væsentligt forskelligt i og igennem den universelle lovmæssighed af evigheden. Være det et dyr, en følelse eller noget som helst andet.

2) Denne nye videnskab om frekvenserne af det væsen-tlige er ikke begrænset til den materielle verden og dens fremtoning og udtryk, da det hele stammer fra og er opbygget på den materielle verden og stammer fra evigheden og er opbygget på denne og kan opbygges på denne.

3) Vel en god idé at starte med det der ligger lige foran os, sålænge vi ikke begår den fejl at vi, så snart vi har undersøgt og målt alle de frekvenser, som vi med vores fem sanser umiddelbart kan undersøge og sanse, stiller os tilfredse med konklusionen: Nu har vi undersøgt hele verden og alt, hvad der er at undersøge, nu er vi færdige.

4) Og fordi vi har erkendt og bevist det bagvedliggende overalt præsente i alt til enhver tid og ethvert sted princip: Det evige ikke-manifesterede levende væren/tilstedeværelse, ved vi, at alt i verden, stenene, tankerne, handlingerne osv., selv er udtryk for en evigt levende væsen-hed, og selv er levende evige væsener.

5) Alt er levende og væsen-tligt, væsen-agtigt og i forskellige - nødvendigvis forskellige - udtryk og former.

6) Det vil sige, at alt er i live, og alt, hvad der er i live, er underlagt en levende åndelighed - dvs. ikke fysisk natur -. Alt, hvad der i form her låner sig et udtryk, såsom kroppen, materien, ja endda de finere sværere gribbare former og udtryk som tanker og følelser, luft osv. er bare underlagt forskellige svingningsformer i lovmæssigheden af bevægelse, som vi her kender som energi i form. De synlige rammebetingelser i de fysiske konkrete udtryk. Og alt, hvad der ligger fra det fysiske helt hen til evigheden selv,

altså alt, hvad der ligger imellem her, er altså underlagt denne universelle lovmæssighed.

7) Det er altså videnskaben, der kan omfavne det væsentlige i enhver ting, tigerens væsen f.eks., følelsernes væsen, tankernes væsen osv.

8) Et væsen er ikke kun begrænset til dets materielle grundsten. I det tilfælde at det overhovedet besidder materie vel at mærke. En følelse eller en tanke i sig selv har i første omgang ingen fysisk grundsten men er derimod åndelig af natur, og vi må derfor også lære at opfatte den igennem vores åndelige evner, hvis vi ønsker at fatte den fuldt ud. Vores hjerne og vores hjerte er blot udtryks-instrumenter i denne fysiske verden.

9) Tigerens opførsel hører ligeså meget til tigeren som dens udseende og organiske funktioner f.eks. Hvis man koncentrerer sig om det fysiske, kan man ikke fatte dens væsen, bevægelserne, tigerens liv. Hele tigeren.

10) Tigerens væsen indeholder alt, hvad der hører til tigeren, og ikke dermed nok, også dens udvikling. Dens hidtidige faktiske ligesom dens stadig potentielle. Dvs. det er ikke noget fast afsluttet noget. Da den er levende. Udtrykket af, hvor den står nu, dens nutidige frekvens, giver kun et momentant billede fra sig.

11) Et væsen har nemlig også liv i sig, og lige så snart det begiver sig udenfor den evige verden, i den tilsyneladende endelige verden, indeholder det også muligheden til forandring til udvikling i sig takket være den givne lovmæssige nødvendige bevægelse i en eller anden retning og er derfor præcis, idet det ikke er fastlåst i sig selv men derimod blot beskriver og omfatter noget foranderligt, uden at ville holde det fast, da det i sig selv her, er og indeholder bevægelse.

12) Det er da ikke muligt at undersøge noget præcist, som ikke er håndfast og stillestående...Hvordan skulle det dog foregå? Hertil kommer vi i kap. 12.

13) Men behøver vi at undersøge andet end de os givne tilgængelige fem sanser? Ikke for at forstå lovmæssigheden og den bagvedliggende evighed. For at forstå andre udtryk af evigheden, som ligger på andre frekvenser end indenfor de fem sanser må vi gribe til andre metoder eller sanser ja, men ikke for at forstå princippet i den universelle lovmæssighed - for at forklare og afdække livet - eller bevise livet videnskabeligt.

14) Videnskaben kan herigennem opklare livet- også igennem dets allerede udforskede forskningsobjekt og område.

15) Vores sanser er nøglen for at komme hen til forståelse af den bagvedliggende lovmæssighed, naturen er et afsnit- men kun et afsnit, som foreligger os synlig og direkte til at erfare. Vi kan herigennem opnå at komme til forståelse af lovmæssigheden, at forklare livet, men ikke opnå at afdække alle frekvenser af det endelige helt hen til det uendelige. Logo eller?

16) Og hendes væsen indeholder som sagt lige så meget hendes endnu ikke udfoldede potentiale, som hendes nuværende udtryk og alt hvad der ligger bag hende. Igennem hendes momentaner udtryk fra den universelle lovmæssighed, kan vi igennem vores sanser erkende og omfavne hele hendes væsen.

17) Ligesom hele livet kan blive åbenbaret for os igennem naturens udsnit, så kan et udtryk åbenbare hele hendes (livets) væsen for os fra studier af dette øjebliks udtryk. Igennem vores iagttagelsesevne og vores logiske tænkning.

18) Dvs. hans momentane udtryk er et udtryk af hans væsen, dog ikke alenestående hele hans væsen, dette burde være krystalklart for os ved iagttagelsen og specielt ved udredningen af det iagttagede. Og dette kræver, at vi ligesom kan kigge spørgende, nysgerrigt, fordomsfrit på det, som netop træder os i møde.

19) Således altså, at når vi har fattet princippet og realiteten af evigheden igennem dets udtryk i denne verden, kan vi begynde - at udforske - hvordan denne universelle lovmæssighed på differentieret vis viser sig og kommer til udtryk her. Og derigennem afdække det væsentlige. For lige netop dette øjeblikkelige udtryk er således døren til hele dets væsen. Og vores sanser er nøglen til denne dør.

20) Så, herigennem, bliver vi med tiden i stand til at se igennem til det bagvedliggende, det som ikke i første omgang viser sig for os umiddelbart, når vi kigger, og alligevel åbenbarer sig for os, når vi kigger nærmere efter. Det som umiddelbart ligger i det skjulte. Selve nogets væsen.

21) Altså må vi lære at kigge nøjagtigt, også når det iagttagede ikke selv er fysisk som en ting, der fremstår for vores fysiske øje. Præcis iagttagelse og beskrivelse af det iagttagede er i første omgang nemmere at øve ved de fysiske forekomster i vores verden.

22) Altså er det ikke en lov i tingene, vi skal afdække, men et væsen i og igennem lovmæssigheden. En lov er urokkelig, et væsen er foranderligt. Loven om udviklingen eller loven om livet ville ikke blot kvæle livet og udviklingen, men er direkte upræcis. Dét ville være en idé i fast form. Hertil regerer alene den universelle lovmæssighed alene.

23) Den slår tonen an. Den giver rammerne. Altså må vi spørge efter væsenet. Idet vi iagttager dets udtryk. Et væsen har muligheden til forandring og således også til udvikling klar i sig. Dets væsen er identisk med dets højeste potentiale. Det er dets essens. Spørgsmålet er, hvor det i forhold hertil står i øjeblikket. Har det opnået dets fulde potentiale? Eller er det stadig på vej derhen?

24) Hvad er således en fugls væsen? Vi kan da begynde at bedrive forskning af det væsentlige i verden og begrunde og opbygge en videnskab ud herfra. Det store hele og kimen på samme tid. Og igennem nogets øjeblikkelige udtryk afdække dets hele væsen. Det væsentlige af, hvad vi er som væsen og har som potentiale, tror jeg endnu ikke, at vi hverken har erkendt eller opnået.

25) Så, nu kan vi opbygge en væsentlig videnskab, idet vi undersøger alle disse forskellige frekvenser af den universelle lovmæssighed. Der ud af kan vi samle erfaringer og videnskabelig evidens om, hvordan denne lovmæssighed udtrykker sig i de forskellige frekvenser. Og derigennem afdække væsenet i tingene.

26) Så, hvis vores forskningsprojekt er en sten, og vi et helt år iagttager og protokollerer denne præcis, og den hver dag i denne tid bliver liggende på samme plads, kan vi efterfølgende fastslå, at den et helt år er blevet liggende på samme plads, dog skal vi ikke begå den fejl at antage at den nok vil blive liggende der mange år endnu, og herudfra fastslå at: Sten bevæger sig ikke f.eks. Eller endnu værre: Sten er døde.

27) For vi ved, at sten er lige så meget underlagt den universelle lovmæssighed som alt andet her også. Stenene er præcis lige så underlagt den lovmæssige endelige bevægelse i rum og tid som en blomst. Vel dog en lavere langsommere frekvens. Eller lavere og hurtigere? Så ville der være meget energi/bevægelse til stede i en krystal? Hm…

28) I stenen slumrer præcis den samme evige levende potentielle bevidsthed som i os. Bare i øjeblikket her på et andet frekvenstrin. Men i

princippet er vi lige så meget stenen, som stenen er stenen. Blot synes det os ikke lige således. Huh…

29) Og kun mennesket er for øjeblikket på et højt nok frekvenstrin og udtryk af det evige i det fysiske, til at vi er bevægelige og vågne nok til at blive os bevidste om os selv. Ikke engang dyr er så bevidste. Dette kan vi bygge videre på. Bygge vores nye videnskab på.

30) Altså kan vi således med vores allerede vundne videnskab afdække et område, men ikke afdække hele livet i dets mangfoldighed. Dertil har vi faktisk brug for andre sanser og metoder, der er tilpasset disse sanser, for at kunne afdække andre frekvenser.

31) Men vi har nu engang kun de os givne fem sanser, så det er dog slet ikke muligt. Hvordan skulle det dog gå for sig? Og selv hvis, hvad kunne vi så overhovedet bruge denne videnskab til? Hvortil alt det besvær? Vi kan bestemt også opfinde et apparat hertil eller noget.

32) For det første: For at lære at forstå verden og alt hvad der er, fordi når vi ved hvordan noget forholder sig, kan vi forholde os anderledes til det end uden denne viden. Dvs. ægte resultater ville hjælpe os konkret videre i livet. Det ville - anvendt sundt - i sandhed kunne hjælpe os til at løse problemer. Store som små.

33) Når vi gennemskuer væsenet af noget, erkender vi det, ikke kun hvordan og hvor det står nu, men derimod også hvor det kommer fra, og hvor det vil hen. Så kan denne videnskab - udover at åbenbare sig for os - hjælpe os direkte og konkret videre i livet.

34) Lad os sige at vi f.eks. har afsløret vredens væsen som skuffelse. Så kan vi - i stedet for at kæmpe mod vreden eller at straffe den - spørge os selv, hvor skuffelsen kommer fra. Og når vi har opdaget dette, kan vi tage hånd om denne skuffelse, og vreden vil, hvis dette lykkes os, falde bort af sig selv, blive opløst som en sky. Det er en fuldstændig anden måde at omgås dette på end at gøre vreden til noget dårligt og forsøge at "bekæmpe" den, og dette ville heller ikke ubetinget lykkes trods mange anstrengelser f.eks. Okay, men:

35) Hvis vi kan komme til en erkendelse af noget, behøver dette dog ikke nogen videnskabelig evidens så eller? Rækker erkendelsen ikke nok i sig selv?

36) Nej. Fordi en erkendelse er begrænset til en enkelt person. Dog andre, der ikke har denne erkendelse, må stå ved siden af og så tro på denne person eller ej. Hvor en videnskabelig evidens ikke afhænger eller er begrænset af og til en enkelt person, og derfor først da kan hæve sig op over troen fra andre. Så kan en anden ikke komme og sige: Det tror jeg ikke på. Han kan forløgne evidensen, hvis han vil, men han kan ikke sige, at han ikke tror på det. Ikke når først videnskabelig evidens for noget rent faktisk foreligger.

37) Men som sagt, vi har jo nu engang kun de os givne 5 sanser. Ikke? Det er dog umuligt…Er det? Virkeligt?…lad os dog så engang kigge på dette sådan i første omgang rent hypotetisk i det mindste potentielt:

Kapitel 12

Væsensvidenskabens frekvensmetode

1) Nå, hvordan kan så andre ikke let gribbare frekvenser såsom følelser f.eks. blive forsket i videnskabeligt?

2) Hm, der måtte sikkert så blive opfundet og bygget et højst raffineret instrument hertil…vi har jo nu engang kun de os givne fem sanser…

3) Hvis vi kigger nærmere, må vi jo erkende, at vi - for overhovedet at kunne stille videnskaben fra i dag på benene - allerede har brugt en anden sans end de os fem gængse sanselige sanser…jo da, overvej engang, hvad tænker du, at dette kunne være?…

4) …Vi iagttager noget med vores øjne, vi undersøger måske dette med hænderne, vi lytter med vores ører, vi lugter måske til det, smager på det…og så? Er undersøgelsen færdig? Nemlig ikke:

5) Vi benytter vores evne til at tænke, og vel at mærke vores logiske tænkning, for at stille alt dette sammen. Vi benytter vores sans og evne til at tænke. Det er vores tanke-sans. Dvs. allerede ved den enkleste forskning behøver vi - og benytter vi uden problemer - denne sans dertil. Er tænkningen en sans? Jeg ville sige ja.

6) Hvad er definitionen på en sans? En sans er en slags antenne ikke? - Hvormed vi kan opfange noget. Hvormed vi kan opfange informationer. Eller? Okay, ligesom en radio? Ja, det er et godt eksempel. Ligesom en radio. Okay, så vores nervesystem er radioen for vores sanser i dette tilfælde? Kunne man definere det således? Muligvis ja.

7) Og tænkningen er en evne, en sans, som allerede ligger over de fem sanselige sanser, idet den ikke umiddelbart er fysisk gribbar. Noget vi dog kan lære at bruge klart og tydeligt. Og vi må lære at følge en tanke logisk, før vi kan bruge den i videnskaben eller? Er vores hjerne hertil vores radio? Tja…

8) Ellers ville ingen andre kunne bruge det, det ville ikke være muligt at følge, andre kunne ikke selv efterprøve det. Okay…men…det er kun begyndelsen.

9) Da alt kun er tilsyneladende endeligt, som vi har set, hvad ville vi så hypotetisk erfare, hvis vi ville være i besiddelse af fem andre sanser?

10) Et godt spørgsmål, som vi allerede har muligheden for at besvare i dag, og som foroven antydet ikke kun hypotetisk, da vi langsomt er ved at have opnået bevidstheden til ikke kun at have de sanselige sanser. Vi har erhvervet bevidstheden om os selv - som er grundlaget for de videre andre sanser - tankesans inklusiv - dem har vi ikke altid haft.

11) Ikke? Overvej engang: Der fandtes ikke filosoffer for et par tusinde år siden. (Proklos, Heraklit ca. 600 f. Kr.) Hvorfor ikke? Og vores videnskab er først opstået langt senere. Vores videnskab har ikke engang eksisteret i 500 år. Hvorfor ikke? - Fordi menneskeheden havde en anden bevidsthed, end de har i dag...Hvad?...Ja.

12) Den mulige selvbevidstheds-sans, som er nødvendig for vores nuværende videnskab, nemlig evnen til at reflektere over noget, er også først for få tusinde år for alvor indtruffet hos vores civilisation. Er dette også en sans? Ja. Og det hele? - kaldes udvikling.

13) Og den første, der har behersket dette til fulde og faktisk har vist andre dette for deres øjne, hvad man kan opnå og viderudvikle - gennem denne udviklede selvbevidstheds-sans, var her også først for kort tid siden, for cirka to tusinde år siden mener jeg.

14) Hvad? Mener du...? Ja, det mener jeg. Ja, med ham har det direkte at gøre. Men ikke i almindelig tænkt religiøs forstand. Han har blot vist os konkret og direkte, alt hvad vi kan opnå med denne nye erhvervede selvbevidstheds-sans og endda også, hvordan vi kommer derhen...

15) Hvad? Hvordan? Nej vi skal ikke alle krybe til korset, ingen angst. Der hænger vi allerede. Det er nok at spørge os selv, hvad han rent faktisk har gjort, og hvordan han har opnået dette. Med blikket som en nysgerrig forskers.

16) Evnen til at iagttage os selv, at udøve selvreflektion og kigge på os selv og vores gøren og laden logisk og endda derigennem bevidst at ændre denne, er os nu muligt. Ikke kun længere at lade omstændighederne bestemme vore liv, men selv at kunne bestemme hvordan vi vil forholde os hertil. Det er ikke let men muligt at udvikle. Dette er nyt.

17) Det har han vist os. Han er gået igennem helvede for os for det. Det har han gjort for os. Ligesom vi i øjeblikket går igennem helvede.

18) Igennem hans handlinger og levevis har han konkret vist os, hvordan vi kan stige op ad bevidstheds-stigen igennem vores selvbevidsthed og vågne op og nå ud af helvede i den endelige verden/kan blive os bevidste - og bevidst overvinde og nå ud over enhver smerte, kan nå til evigheden. Igennem at udvikle nye sanser. Vi er allerede klar til at gå videre og kunne udvikle videre oversanselige sanser - lad mig forklare dette begreb: Blot ikke synlige direkte erfarbare eksisterende frekvenser, som er højere end materien.

19) Og hvis vi kigger på det helt præcist, er denne iagttagelsessans jo også allerede en over-sanselig sans. Ikke afhængig af det fysiske ligesom synet er fysisk afhængigt af øjet. Og derfor kan vi rette dette blik mod os selv, ligesom han har forevist det, og udvikle en tænkning om os selv. Udvikle selvreflektionssans. Dette mente han, da han sagde: Jeg er vejen. Han havde ikke kunnet formulere dette anderledes.

20) Én som ikke kan sige jeg til sig selv, har ikke udviklet nogen selvbevidsthed. Derfor kan små børn først i 2-3 års alderen sige jeg om sig selv. Sig mig engang, kunne vores hjerte være vores radio hertil?

21) Og derudaf kan vi udvikle den logiske tænkning, tanke-sansen, som er nødvendig for vores videnskab. Dvs. vi har allerede at gøre med to oversanselige sanser, bare for at kunne stille vores nuværende videnskab på benene...dvs. vi har allerede syv sanser...5 sanselige sanser, og 2 oversanselige sanser...over de sanselige gribbare sanser...

22) Hvad er altså en sans igen? En antenne altså, eller? En opfanger for noget. Men vi er os først nu langsomt dette bevidst, så vi kan gøre os dette bevidst.

23) Der findes allerede mange i verden, som i dag er på vej videre frem. Nogle bevidst, de fleste ubevidst. Men først nu er muligheden der - bevidstheden høj nok - til at enhver kan komme hertil, at udvikle dette. Udvikle nye sanser. Og med disse kan vi udforske nye områder, som vi kun i dag kan drømme om.

24) Videnskabeligt kan vi indsætte disse, så snart vi kan skue over vores stolthed og skam. Det er tricket. Dette er først lykkedes os dels i de sidste par hundrede år. Derfor er vores videnskab stadig så ung.

25) Men, selvbevidsthed, selviagttagelses-sans og tanke-sans, logisk tanke-sans er kun de første to. Kontemplation, imagination og intuition er bare et par få videre…og så har vi allerede kunnet nævne 5 andre sanser ud over vores gængse 5 sanser. To heraf har vi allerede udviklet dels ret vidt.

26) Så nej, vi behøver ikke at bygge eller endda opfinde ydre dyre raffinerede maskiner, for vi er allerede dette raffinerede instrument selv. Hvad?

27) Præcis. For at videnskaben kan undersøge videre frekvenser, behøver vi ingen dyre mikroskoper eller teleskoper, men derimod blot de os foreliggende og givne sanser og iagttagelses-begavelse. Og vores logiske tænkning. Indsat bevidst. Igennem vores udviklede selvbevidstheds-sans. Med disse 7 sanser kan vi allerede gå videre, end vi er i dag.

28) Er mennesket det åndeliges forsningsinstrument? Det er præcis, hvad jeg siger.

29) Pas på. Hvad tænker du er den hellige gral? - Hvad tænker du er skålen, som potentielt kan opfange ånden?…Og hvad tænker du er den hellige ånd?…

30) Dette er ikke et eller andet abstrakt noget, selvom det kan være svært at begribe dette, er det forstået, erkendt i sit væsen, meget konkret. Hvis dette skriv er lykkedes mig, er lige præcis dette lys gået op for dig, kære læser…

31) Lært at bruge disse sanser korrekt gør det os til det mest nøjagtige forsknings-instrument som findes. Disse skal vi ikke først møjsommeligt opfinde og fremstille. Vi skal blot møjsommeligt lære at navigere og benytte dem. Igennem os selv kan vi erkende og erfare hele verden. Og underlægge den videnskabelige studier.

32) Overvej lige hvad der sker, hvis vi mener, at vi hertil har brug for ydre maskiner og instrumenter for at kunne udvikle dette og os? Hvad sker der så? Vi udvikler ikke disse sanser, for det behøver vi i dette tilfælde ikke at gøre. Vi udfolder ikke vores potentiale. Vi opgiver os. Vi smider vores potentiale væk, før vi overhovedet har kunnet udfolde vores blomst. Og det lykkes os måske stolt at skabe et blegt afbillede af os og vores potentiale. Mere kan vi dog ikke udvinde heraf.

33) Og først nu går det måske op for os, at vi også kan benytte disse to sanser, som vi problemløst allerede benytter i vores videnskab - ja de er

endda dets hele fundament - til at underlægge også ikke umiddelbart synlige ting videnskabelige studier.

34) Og så kan vi tage alt, ikke kun den ydre natur men også den indre natur som følelser og tanker f.eks., og lave dem til forskningsobjekter. Videnskabeligt. Ikke længere kun underlægge de fysiske funktioner af kroppen videnskabelige undersøgelser, men derimod alt hvad vi begærer. Og det er præcis også det, jeg har gjort i mit tredje studie.

35) Jeg ved det, der har allerede fundet meget forskning sted indenfor disse områder, men på en eller anden måde er dette ofte stillet hen som pseudovidenskab eller andet. Fordi det jo ikke er så reelt og kan være så reelt, fordi det ikke kun er fysisk...hvis videnskaben stadig tager sig selv alvorlig, må den langsomt tage dette ligeså alvorligt.

36) Hvordan foregår videnskabelig forskning igen i dag i vores verden?: Spørgsmål eller tese, så gentagne iagttagelser, så optegnelser af de sete iagttagede kendsgerninger. Så nøgtern konklusion af dette. Forkastelse eller bekræftelse af hypotesen.

37) Videnskabelig forskning af det åndelige og hurtigere frekvenstrin end det umiddelbart fysisk synlige er ikke anderledes. Det er blot iagttagelser af højere og hurtigere - eller langsommere? - frekvenser end svingningsgraden fra de fysiske svingninger, det fysiske udtryk som derigennem fremtoner lettere at opfatte.

38) Vores logiske tænkning må derfor her være så nøgtern og klar som mulig, specielt når vi bevæger os udenfor området, hvor vi ikke umiddelbart har de fysiske fremtoninger for vores fysiske øje, for at opnå klare og brugbare resultater for videnskaben. Det er vigtigt.

39) Lige som vi må bruge vores sanser til forskningsøjemed på en bestemt, nøgtern klar og defineret måde for at komme frem til brugbare videnskabelige resultater, må altså erhvervede oversanselige synlige sanser det ligeledes præcis magen til. Kun erhvervet er ikke lig at evne at kunne benytte disse til videnskabelig kunnen.

40) Også hvis man har erhvervet sig et klaver, skal man først lære at spille på det, og hvis man gerne vil spille skøn musik, må man også oplære nogle bestemte forløb - nemlig lovmæssigheden i et klaver - udtrykt. Man

kan ikke uøvet tilfældig hamre derudad og frembringe skøn musik. Derfor er det en kunst.

41) Man er nødsaget til først at lære at beherske og kende udtrykket af lovmæssigheden i klaveret og sågar ikke nok med det, det behøver derefter stadigvæk utrolig meget øvelse.

42) Mig bevidst er der kun én skole i verden i dag, der sætter denne viden målrettet og bevidst ind i undervisningen: Steiner-skolerne. Da dens grundlægger vidste besked om disse ting. Som sundt fordrer selvbevidstheden og opfordrer til selvstændig tænkning. Som er nødvendig for at kunne udvikle en logisk tænkning, som er det sunde grundlag for alt videre, i vores udvikling som hele mennesker. At blive helt menneske er nemlig også en kunst for sig.

43) Og videnskaben er et værktøj, et væsentlig værktøj - men alligevel dog kun et værktøj - for at hjælpe os videre på denne vej. Til i sandhed at blive mennesker.

44) Men igennem de videnskabelige studier og deres optegnelser og konklusion henter vi så at sige det, som egentlig ikke er til at fatte, ned i det fysiske, for at lade det blive til videnskab i vores verden. Downloading?... Haha, præcis. Og vi er i den lignelse computeren og vores organer hardwaren og vores sanser softwaren...tja...så er vi allerede - potentielt - den genialeste computer, som findes...enhver skal blot for sig udvikle og installere...og implementere...en smule software.

45) Altså: hvordan undersøger man så lige igen videnskabelig en følelse tak? Altså vores selvbevidsthed skal faktisk været så vidt udviklet, at den kan skue over dens stolthed og skam. Det vil ikke sige ikke at kende eller have disse følelser, men derimod være i stand til at anskue disse lige som udefra og iagttage dem. Og så beskrive dem, nemlig uden at vi fortaber eller sogar reagerer på disse i ydre handlinger.

46) Altså iagttage og beskrive, det momentane udtryk, nedskrive det. Og når vi så har gjort dette mange gange og laver konklusion ud fra disse data og gennem vores logiske tænkning ser, om dets væsen derigennem åbenbarer sig for os, bliver klart. Om vi kan se og forstå dets væsen. Om vi kan afdække det.

47) Så kan man f.eks. undersøge en bestemt følelses væsen videnskabeligt og belægge den med videnskabelige studier. Og gennem den logiske tænkning afdække hele dens væsen.

48) Vi skal bare op-finde rammerne, hvorigennem vi her kan opstille forsøg. Her kunne vores fantasi sikkert hjælpe os videre. Kun sådan har jeg overhovedet kunne opstille mit tredje studie.

49) Vi behøver måske slet ikke at opstille forsøg i laboratoriet i gængs forstand, men derimod opsøge disse sager, lave rammerne omkring dem derude og iagttage. I naturen, den materielle verden ja, men ikke blot afskåret i laboratoriet, afskåret fra livet, men derimod i bevægelse, i den allerede skabte verden, og iagttage selve livet heri, ikke kun hylstret.

50) Men for at udforske alle forekomster i vores verden, såsom følelser, oplevelser osv., behøver vi i første omgang ikke at udvikle videre sanser, end vores logiske tænkning - for at udforske dem videnskabeligt. Og vende vores udviklede iagttagelsessans på os selv. Altså lige som vi retter vores fysiske øje mod planten, skal vi så rette vores iagttagelsessans, som i første omgang ikke er fysisk, mod os selv, eller det som vi nu engang gerne vil undersøge, som så heller ikke selv ubetinget er fysisk, som en følelse eller en tanke f.eks.

51) Og når vi har erkendt den universelle lovmæssighed af evigheden, kan vi bruge denne for at lede efter lovmæssigheden i tingene, at undersøge disse, selv når de ikke selv er fysiske. Kan du stadig følge mig? Fordi, hvis ja:

52) Kan vi så ikke mere sige, vi tror ikke på noget "åndeligt" eller "en højere orden", men på "død", og "tilfælde", for vi kender kendsgerningerne fra livet. Men vi kan så i stedet begynde at forske i disse og afdække deres væsen og virke. *Iben*

53) Kun ét skal vi med denne nye videnskab: i gang.

54) Gud…øhh…Goethe har allerede påbegyndt den. Og der findes allerede meget forskning, som kunne lægges ind her, det er mig bevidst, og det er jo vidunderligt.

55) Altså videnskaben som fremlægger og undersøger skalaen i det universelle udtryk af lovmæssigheden på enhver frekvens. Og omfatter dets væsen. Hermed erklærer jeg altså for åbnet:

Væsensvidenskaben. Med dens universelle potentiale.

Hvilken skøn stjernesymfoni.

Postludium

Min næste tese til at afprøve forlyder: De dybeste frekvenser af følelserne er had, vrede, misundelse og grådighed. De højeste frekvenser glæde, medfølelse og hjælpsomhed. Den potentielle levende evige kerne er lig med betingelsesløs kærlighed. Ikke som en kitschig romantisk film, men derimod seriøs betingelsesløs.

Verden har brug for meget af dette for at komme videre. Det kræver kærlighed og omsorg for at forvandle dette helvede til paradis. Dette ligger dog absolut i vores hænder og muligheder. Det er muligt at nå og i sidste ende det, vi alle higer efter, da vi selv simpelthen er denne kærlighed, bare endnu kun til stede som et frø mere eller mindre.

Skænker vi hinanden de nødvendige betingelser og hjælp, i stedet for at kræve penge og tjenester for alt, kan vi endelig allesammen sådan rigtig begynde at blomstre og trives. Indtil vi stopper med at dømme de andre på denne jord og ser som for os adskilte, ikke i ret kan ingen fred og trivsel ske.

Så længe nogen ser sig bedre end, mere i ret end naboen og ikke kan glæde sig over nogen andres lykke uden at være misundelig, så længe egen-grådighed står over den samme velstand for andre kan ingen velstand for menneskeheden opstå, vil der altid findes nogen, som bliver trampet på, med vilje eller ubevidst ligegyldigt.

Altså vi kan kæmpe os op til at give hinanden muligheden, for at blive de mest fantastiske væsner som findes her: At udfolde og udvikle os til betingelsesløst elskende mennesker, men kun hvis vi har de rette betingelser, rammer og nok tid og ro hertil.

Ellers bliver vi som blomster, som udtørrer før de har kunnet blomstre - mangel på vand, som måske lige formår at blomstre, men som kun bliver små blomster- mangel af lys, hvis de må stå i skyggen, eller ikke har nok tid til at vokse og kan trives i fred.

Jeg ville påstå, at vi som menneskehed kan sammenlignes med en halv udtørret, fortørstet mark af potentiel vidunderlige blomster, men som af angst, og fordi verden (vi selv hinanden) ikke tillader det, udtørrer og uddør før de overhovedet har opnået deres potentielle skønhed, mangfoldighed og duft, har kunnet virkeliggøre sig selv.

Så intet som igang med at undersøge disse ting med videnskabelige studier. Indtil da er det jo ikke påvist eller bevist videnskabelig set.

Ha….Ja

Tak til:
Jeg vil gerne give en kæmpe hånd og tak til:

Kim Hjarsbæk og Søren Nielsen, Danpres A/S*, for at give mig lov og albuerum til at denne bog kunne blive en realitet.*
Anita Sharma*, min kære veninde, for at give mig de nødvendige rammer for at kunne sætte tiden af i kalenderen til denne bog.*
Forlaget BoD.dk*, for rådgivning, vejledning og udgivning af denne bog. I første omgang den danske version.*
Eva Stage*, min kære mor, for at være der for mig til enhver tid og for at læse korrektur på den danske version.*
Steen Bülow*, min kære far, for at være der for mig til enhver tid og støtte op, hvor end der er brug for det og mulighed for det.*
Jon Stage*, min kære bror, danser og livskunstner. Jeg ser op til dig, for alt det du har nået, er og har skabt. Love ya bro.*
Hele min store kære fantastiske familie*, som jeg elsker højt. Tak fordi I er der. I er fantastiske, fordi I er der.*
Mine kære venner og veninder, *her i Danmark og i udlandet. I betyder verden for mig. Tak fordi I er der.*
Anders Hansen *og din Mission I´m possible. Jeg tager hatten af. Det er en ære at have mødt dig.*
Alle der har været der for mig på min livsvej*. Af hjertet tak. I er mange, og flere af jer har reddet mit liv.*

Tak.

Kildehenvisning: *Da jeg har skrevet dette skrift hovedsageligt ud fra mine egne tanker, er min kildehenvisning derfor lig nul. Men her er til gengæld et par henvisninger til inspirerende mennesker med inspirerende livsværker:*

Anders Hansen*, dansk nulevende illusionist og livsmentor. Med showet Real Magic Live. (Bob Proctor fra USA er hans mentor). Kan varmt anbefales. 1981-.*
Martinus*, også dansker, med værket Det Tredie Testamente. Læren om kosmos. Grundet værkets størrelse har jeg endnu ikke selv fået det læst. 1890-1982.*
Dr. Rudolf Steiner*, østriger og grundlægger af Antroposofien. Læren om mennesket. Grundlægger af Steiner-skolen og meget andet. 1861-1925.*

Det skader ikke at stille spørgsmål

men

det skader, ikke at stille spørgsmål.

I. Casio Paia

FSC
www.fsc.org
MIX
Papir fra
ansvarlige kilder
Paper from
responsible sources
FSC® C105338